国家中职示范校数控专业课程系列教材

产品质量检测

CHANPIN ZHILIANG JIANCE

姚作林　主编

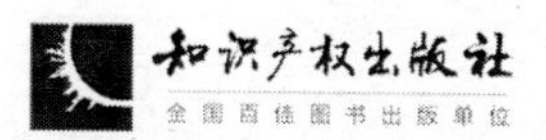

知识产权出版社
全国百佳图书出版单位

图书在版编目（CIP）数据

产品质量检测 / 姚作林主编. —北京：知识产权出版社，2015.10
国家中职示范校数控专业课程系列教材 / 杨常红主编

ISBN 978-7-5130-3789-1

Ⅰ. ①产… Ⅱ. ①姚… Ⅲ. ①机床－工业产品－质量检查－中等专业学校－教材 Ⅳ. ①TG5

中国版本图书馆 CIP 数据核字(2015)第 220983 号

内容提要

本书以为地方经济发展为目标，以就业为导向，以典型零件几何要素的检测任务为引领，通过五类典型零件的检测项目，讲述了轴类零件、斜盘类零件、摇盘类零件、缸体类零件、齿轮及圆锥的质量检测方法以及相应计量器具的工作原理和使用方法。

本书可作为中等职业院校机械类和近机械类各专业的实训教材，也可作为培训机构和企业的培训教材以及相关技术人员的参考用书。

责任编辑：张　珑

国家中职示范校数控专业课程系列教材

产品质量检测

姚作林　主编

出版发行：	知识产权出版社有限责任公司	网　　址：	http://www.ipph.cn http://www.laichushu.com
电　　话：	010-82004826		
社　　址：	北京市海淀区西外太平庄 55 号	邮　　编：	100081
责编电话：	010-82000860 转 8540	责编邮箱：	riantjade@sina.com
发行电话：	010-82000860 转 8101/8029	发行传真：	010-82000893/82003279
印　　刷：	北京中献拓方科技发展有限公司	经　　销：	各大网上书店、新华书店及相关专业书店
开　　本：	880mm×1230mm　1/32	印　　张：	5.375
版　　次：	2015 年 10 月第 1 版	印　　次：	2015 年 10 月第 1 次印刷
字　　数：	184 千字	定　　价：	30.00 元

ISBN 978-7-5130-3789-1

牡丹江市高级技工学校

教材建设委员会

本书编委会

主　编　姚作林

副主编　戴淑清　李丽宏

编　者

学校人员　关向东　张志健　姚作林　王　钧
　　　　　孙　勇　石红戈　陈　鸣　王丽丽
　　　　　王　敏　戴淑清

企业人员　王昌智　王殿民　潘振东　张军凯

前　言

2013年4月，牡丹江市高级技工学校被三部委确定为“国家中等职业教育改革发展示范校”创建单位，为扎实推进示范校项目建设，切实深化教学模式改革，实现教学内容的创新，使学校的职业教育更好地适应本地经济特色。学校广泛开展行业、企业调研，反复论证本地相关企业的技能岗位的典型任务与技能需求，在专业建设指导委员会的指导与配合下，科学设置课程体系，积极组织广大专业教师与合作企业的技术骨干研发和编写具有我市特色的校本教材。

示范校项目建设期间，我校的校本教材研发工作取得了丰硕成果。2014年8月，《汽车营销》教材在中国劳动社会保障出版社出版发行。2014年12月，学校对校本教材严格审核，评选出《零件数控车床加工》《模拟电子技术》《中式烹调工艺》等20册能体现本校特色的校本教材。这套系列教材以学校和区域经济作为本位和阵地，在学生学习需求和区域经济发展分析的基础上，由学校与合作企业联合开发和编制。教材本着“行动导向、任务引领、学做结合、理实一体”的原则编写，以职业能力为核心，有针对性地传授专业知识和训练操作技能，符合新课程理念，对学生全面成长和区域经济发展也会产生积极的作用。

各册教材的学习内容分别划分为若干个单元项目，再分为若干个学习任务，每个学习任务包括任务描述及相关知识、操作步骤和方法、思考与训练等。适合各类学生学用结合、学以致用的学习模式和特点，适合于各类中职学校使用。

本书包括轴类零件检测、斜盘类零件检测、齿轮类零件检测、摇盘类零件检测、缸体类零件检测及圆锥角检测（含在轴类之中）共六个项目。本书在北京数码大方科技有限公司王昌智、北方双佳石油钻采器具有限公司王顺胜等策划指导下，由本校机械工程系骨干教师与北方工具厂研发中心王殿民、富通空调机设备公司潘振东等企业技术人员合作完成。限于时间与水平，书中不足之处在所难免，恳请广大教师和学生批评指正，希望读者和专家给予帮助指导！

牡丹江市高级技工学校校本教材编委会

2015 年 3 月

目　录

学习任务一　轴的检测

学习目标

1. 能按照企业安全防护规定，穿戴劳保用品，执行安全操作规程，并遵守企业的各种规章制度。

2. 能通过阅读检测任务单，明确检测任务（如检测数量、完成时间等要求）。

3. 能明确产品检测环节中全检、抽检、样检的概念和适用场合。

4. 能查阅机械手册等相关资料，明确三角形螺纹各部分的尺寸。

5. 能识读轴类零件图样，明确轴类零件的结构特点、各尺寸精度要求等。

6. 能根据检测要素及其要求，选择测量方法及量具，制定合理的检测方案。

7. 能通过查阅相关技术文件，明确本次任务涉及量具的使用方法和保养措施。

8. 能规范使用量具对轴类零件进行检测，并准确记录测量结果。

9. 了解万能工具显微镜、表面粗糙度检测仪的使用场合。

10. 能对轴检测结果进行必要的分析，形成检测报告，并对不合格产品提出返修意见。

11. 能按检测室现场管理规定和产品工艺流程的要求，正确放置轴类零件以及检测用量具，并整理现场。

12. 能主动获取有效信息，展示工作成果，对学习和工作进行反思总结，并能与他人开展良好合作，进行有效的沟通。

建议学时

20 学时

工作情景描述

牡丹江北方阀业企业承接了一批轴加工订单，数量 20 件，现已完成车削加工，需送检测组进行终检，要求检测组在 1 天内按照检测任务单和图样要求完成轴的检测，并提交检测报告。

工作流程与活动

学习活动 1. 分析任务要求，制定检测方案
学习活动 2. 检测零件，出具检测报告
学习活动 3. 展示、评价与总结

学习活动 1　分析任务要求，制定检测方案

学习目标

1. 能通过阅读轴检测任务单，明确检测任务（如检测数量、完成时间等要求）。

2. 能明确产品检测环节中全检、抽检、样检的概念和适用场合。

3. 能查阅机械手册等相关资料，计算内、外三角形螺纹各部分的尺寸。

4. 能识读轴零件图样，明确检测零件的结构特点、尺寸精度要求等。

5. 能通过查阅相关技术文件，根据检测要求合理选择检测轴所需的量具，并能描述所选量具的规格、精度等级等内容。

6. 能根据检测要求制定合理的检测方案。

建议学时

4 学时

学习过程

领取轴的检测任务单、零件图样，明确本次检测任务的内容，制定检测方案。

一、阅读检测任务单

阅读检测任务单（表 1－1－1），完成下列问题。

表 1－1－1　检测任务单

<table>
<tr><td colspan="2">单位名称</td><td colspan="3">××企业</td><td>完成时间</td><td colspan="2">2014 年×月×日</td></tr>
<tr><td>序号</td><td>产品名称</td><td>材质</td><td>来件数量</td><td>检测数量</td><td colspan="3">技术标准、质量要求</td></tr>
<tr><td>1</td><td>轴</td><td>45＃</td><td>20 件</td><td>10 件</td><td colspan="3">按图样要求</td></tr>
<tr><td>2</td><td></td><td></td><td></td><td></td><td></td><td></td><td></td></tr>
<tr><td>3</td><td></td><td></td><td></td><td></td><td></td><td></td><td></td></tr>
<tr><td colspan="2">检测批准时间</td><td colspan="2"></td><td>批准人</td><td></td><td></td><td></td></tr>
<tr><td colspan="2">通知任务时间</td><td colspan="2"></td><td>发单人</td><td></td><td></td><td></td></tr>
<tr><td colspan="2">接单时间</td><td colspan="2"></td><td>接单人</td><td></td><td>生产班组</td><td>检测组</td></tr>
</table>

1. 本次检测任务需要检测的产品名称：（　　　　　），材质：（　　），数量：（　　　　）。

2. 企业进行零件检测的一般流程为检测批准、下达检测任务、接受检测任务、提交检测报告。想一想作为接单人，在接受检测任务前应做哪些方面的考虑。

3. 在产品检测环境中一般有全检、抽检、样检等要求。用简单的语言描述一下它们分别适用于什么场合。本次检测任务采用的是哪种检测方法？

4. 检测人员接受检测任务后，一般会按照分析零件图样、制定检测方案、领取被检测零件及检测用工量具、检测、填写检测报告的流程进行任务实施。本次轴检测任务的工作周期为多少天?

二、分析零件图

加工完成的零件图片（图1－1－1），回答下列问题。

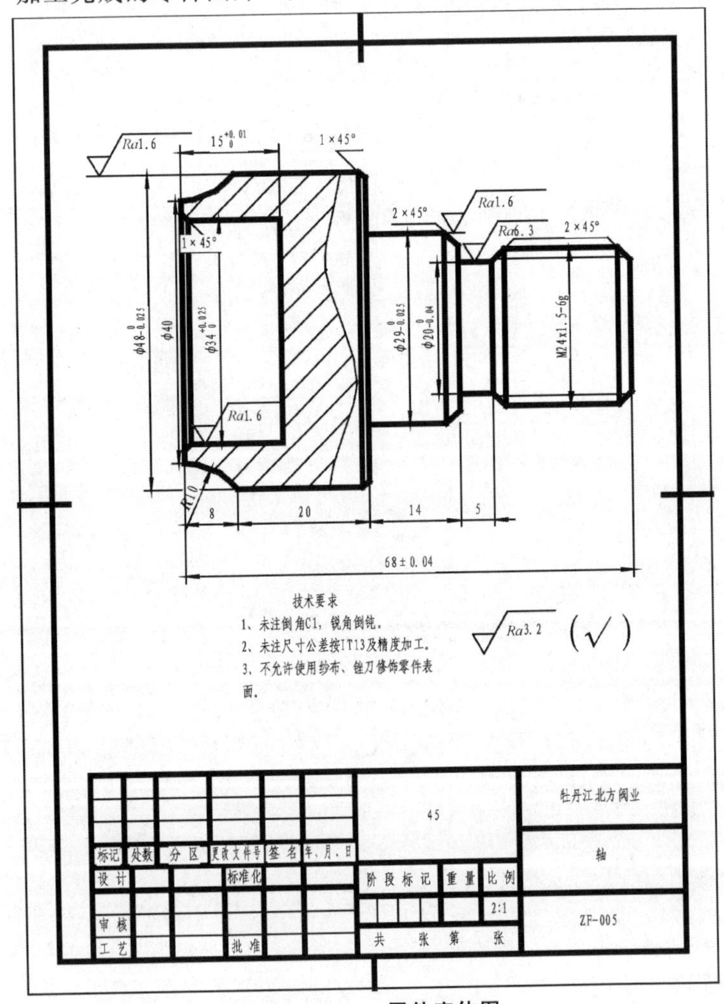

图1－1－1 零件实体图

1. 分析图 1—1—1 可以看到该零件由一处螺纹和阶台轴组成，所以螺纹是此零件的主要要素。也是检测的重要项目。请查阅相关资料回答下列有关的螺纹的知识问题，明确待检轴的螺纹检测要求。

（1）分析仔细观察表 1—1—2，列出内、外螺纹的基本要素。

1）内螺纹的基本要素。

2）外螺纹的基本要素。

（2）写出此轴零件图中 M24×1.5—6g 的含义，并指出该种精度螺纹适用的场合。

M24

1.5

6g

此种精度的螺纹适用的场合为：

（3）计算图样中三角形螺纹 M24×1.5—6g 各部分尺寸。并记录在表1—1—2 中。

表 1—1—2　三角形螺纹 M24×1.5—6g 各部分尺寸

名称	代号	计算公式及结果
牙型角	α	
原始三角形高度	H	
牙型高度	h	
大径	d	
中径	d_2	
小径	d_1	
螺纹升角	ψ	

(4) 在国家标准中普通螺纹公差（GB/T 197—2003）中对普通螺纹公差带的大小（即公差等级）和公差带位置（即基本偏差，如图1—1—2所示）进行了标准化，组成了各种螺纹公差带。查阅资料，写出内、外螺纹的公差等级和基本偏差代号。

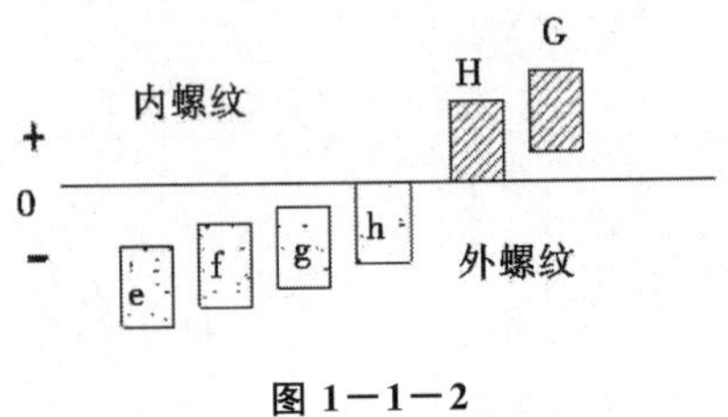

图1—1—2

1）普通内螺纹的公差等级：

2）普通外螺纹的公差等级：

3）普通内螺纹的基本偏差代号：

4）普通外螺纹的基本偏差代号：

(5) 查表确定此零件图中螺纹M16—6g的螺纹中径和大径的公差及偏差。

1）螺纹中径的公差及偏差：

2）螺纹大径的公差及偏差：

2. 零件图中一般都会标出尺寸偏差的范围，这样才能保证加工好的零件能满足设计要求。请仔细识读图 1—1—1，明确待检测轴各尺寸的公差等级或偏差范围，并记录在表 1—1—3 中。

表 1—1—3　轴类零件的尺寸要求

序号	尺寸类型		标注尺寸	公差等级或偏差范围
1	带偏差尺寸	外圆尺寸	$\phi48^{0}_{-0.025}$	
2			$\phi29^{0}_{-0.025}$	
3			$\phi20^{0}_{-0.04}$	
4		内孔尺寸	$\phi34^{0.025}_{0}$	
5		长度尺寸	$15^{0.01}_{0}$	
6			68±0.04	
7	未注公差尺寸（GB/T 1800.1—2009，IT13）	外圆尺寸	$\phi40$	
8			$R10$	
9		长度尺寸	20	
10			14	
11			8	
12			5	
13			$C1$（2 处）	
14			$C2$（3 处）	

3. 在表 1—1—4 中写出轴类零件图中各表面粗糙度的含义。

表 1—1—4　轴零件图中各表面粗糙度的含义

序号	表面粗糙度	表面粗糙度的含义
1	$\sqrt{Ra1.6}$	
2	$\sqrt{Ra3.2}$	

三、根据检测要求，合理选择检测工具

1. 每项零件精度的检测都需要用特定的量具来实现，而要做到准确选择测量方法和测量工具，首先要熟悉各类常用量具的用途。仔细观察以下常用量具，写出这些常用量具的名称及用途。

量具名称：________________
用途：________________
____
____

量具名称：________________
用途：________________
____
____

量具名称：________________
用途：________________
____
____

量具名称：________________
用途：________________
____
____

量具名称：________________

用途：________________

____

____

量具名称：________________

用途：________________

____

____

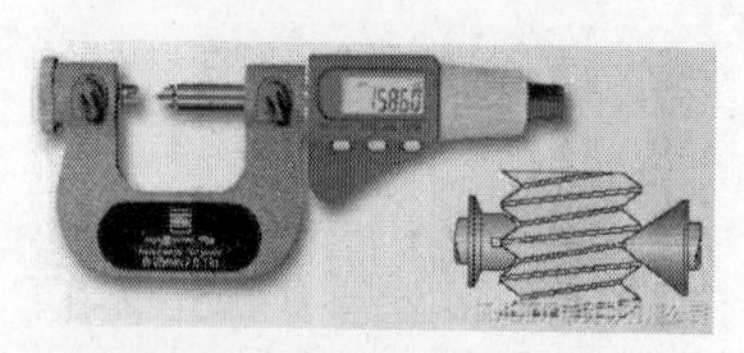

量具名称：________________

用途：________________

____

____

量具名称：________________

用途：________________

____

____

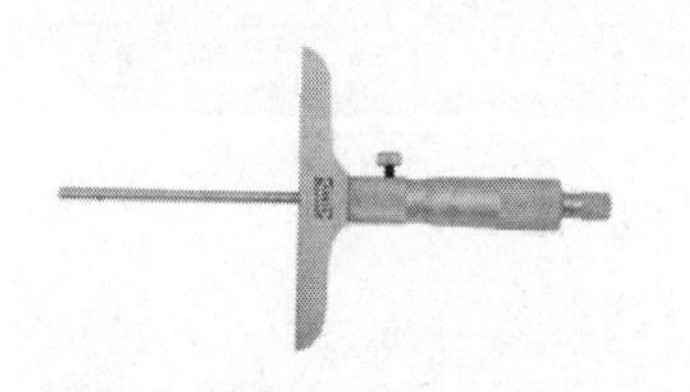

量具名称：________________

用途：________________

____

____

量具名称：________________

用途：________________

____

____

量具名称：________________

用途：________________

____

____

量具名称：________________

用途：________________

____

____

量具名称：________________

用途：________________

____

____

量具名称：________________

用途：________________

____

____

量具名称：________________

用途：________________

____

____

量具名称：________________

用途：________________

____

____

量具名称：________________
用途：________________
____
____

量具名称：________________
用途：________________
____
____

2. 通过小组讨论，根据被检测轴图样中的长度、直径、圆弧、螺纹、表面粗糙度等检测项目确定本任务需要用到的量具，并将其规格、精度等级填写在表1—1—5中。

表1—1—5　轴检测所需量具

检测项目	量具（仪器）	规格	精度等级
长度			
内径			
外径			
圆弧			
螺纹中径			
表面粗糙度			

四、制定检测方案

完成表1—1—6。

表 1－1－6　轴零件检测方案

<table>
<tr><td colspan="5" rowspan="2"></td><td>产品型号</td><td></td><td>零件图号</td><td></td></tr>
<tr><td>产品名称</td><td></td><td>零件名称</td><td></td></tr>
<tr><td>工序号</td><td>工序名称</td><td colspan="2">车间</td><td rowspan="2">检测项目</td><td rowspan="2">技术要求</td><td rowspan="2">检测手段</td><td rowspan="2">检测方案</td><td rowspan="2">检测操作要求</td></tr>
<tr><td></td><td></td><td colspan="2"></td></tr>
<tr><td colspan="4" rowspan="5">Ra1.6
$15^{+0.01}_{0}$
1×45°
2×45°
Ra1.6
Ra6.3
2×45°
1×45°
$\phi48^{0}_{-0.025}$
$\phi40$
$\phi34^{+0.025}_{0}$
$\phi29^{0}_{-0.025}$
$\phi20^{0}_{-0.04}$
M24×1.5-6g
Ra1.6
R10
8
20
14
5
68±0.04</td><td>$\phi48^{0}_{-0.025}$</td><td>47.975～48mm</td><td>25～50mm千分尺</td><td>利用25～50mm千分尺完成尺寸偏差检测</td><td>使用千分尺过程中，要避免在测头两侧面留下指纹而引起生锈及测量误差</td></tr>
<tr><td></td><td></td><td></td><td></td><td></td></tr>
<tr><td></td><td></td><td></td><td></td><td></td></tr>
<tr><td></td><td></td><td></td><td></td><td></td></tr>
<tr><td></td><td></td><td></td><td></td><td></td></tr>
<tr><td></td><td></td><td></td><td></td><td></td><td>编制（日期）</td><td>审核（日期）</td><td>会签（日期）</td><td>批准（日期）</td></tr>
<tr><td></td><td></td><td></td><td></td><td></td><td rowspan="2"></td><td rowspan="2"></td><td rowspan="2"></td><td rowspan="2"></td></tr>
<tr><td>标记</td><td>处数</td><td>更改文件号</td><td>签字</td><td>日期</td></tr>
</table>

评价与分析

学习活动1评价表

班级：________　　学生姓名：________　　学号：________

项目	自我评价（分）			小组评价（分）			教师评价（分）		
	10～9	8～6	5～1	10～9	8～6	5～1	10～9	8～6	5～1
	占总评10%			占总评30%			占总评60%		
图样分析									
搜集信息									
量具选择									
检测方案确定									
学习主动性									
协作精神									
工作态度									
纪律观念									
表达能力									
工作页质量									
小计									
总评									

任课教师：________　　　年　　月　　日

学习活动 2　检测零件，出具检测报告

学习目标

1. 能正确校验游标卡尺、千分尺等量具，明确本任务涉及量具的使用注意事项。

2. 能规范使用游标卡尺、千分尺、内径百分表、半径规、螺纹千分尺、螺纹环规等量具对轴零件进行检测，并准确记录测量结果。

3. 能规范填写轴测量记录卡，并对轴测量记录卡进行综合分析，形成轴检测报告。

4. 能对轴检测结果进行必要的分析，并对不合格产品提出处置建议。

5. 能按检测室现场管理规定和产品工艺流程的要求，正确放置轴类零件、检测用量具等。

建议学时

4 学时

学习过程

一、熟悉检测室规章制度

1. 请仔细阅读检测室规章制度，分小组讨论在检测产品的过程中如果不遵守相关的规章制度和注意事项会造成的后果，并举例说明。

检测室规章制度

（1）检测室是实验检定的工作场所，为保证环境清洁、安静，未经允许非操作人员不得进入。

（2）严禁在检测室内吸烟、饮食和放置与本室无关的物品。

（3）检测室中的计算机，严禁安装其他软件、上网及使用非专用的外部接口设备。

（4）检测室的地面、操作台应经常打扫、擦拭，保持无灰尘，检测室内物品应摆放整齐有序，标志清晰、规范。

（5）检测室应做好安全保卫工作，各种安全设施和消防器材应定期检查，妥善管理，保证随时可以供应。

（6）注意检测室用电安全，定期检查电气线路，室内电线管道敷设应安全、规范，不得随意布线。

（7）操作人员进入检测室，必须遵守规章制度和安全规则，认真执行本人所承担的技术操作规范，工作时要集中精神，严禁玩忽职守。

（8）使用仪器设备时，必须遵守有关操作规程和安全使用规则。

（9）检测室内的测头和测球等应存放整齐、分类保管，使用后及时清理干净，放回原处，摆放整齐。

（10）凡属剧毒、易燃、易爆物品不准在检测室内随意存放。

（11）实验完毕，及时整理仪器设备，切断电源和气源；下班检查电、气及门窗安全后方可离去。

2. 检测室规章制度与生产车间的安全规章制度有哪些异同？检测室的安全规章制度更侧重于哪些方面？

二、准备量具和辅具

1. 填写量具和辅具清单（表1—2—1）并领取所需量具及辅具。

表1—2—1　量具及辅具清单

序号	量具及辅具名称	规格	精度	数量	量具是否完好
1	游标卡尺				
2	深度游标卡尺				
3	外径千分尺				
4	内径百分表				
5	半径规				
6	螺纹千分尺				
7	表面粗糙度样板				
8					

2. 由制定的检测方案可知，轴径的检测需要利用游标卡尺和千分尺来完成。为了保证轴径检测结果的准确，开始测量前常需要校验游标卡尺和千分尺等量具本身是否存在偏差。如图1—2—1所示，你知道校验千分尺的工具有哪些吗？校验千分尺的具体步骤是怎样的？

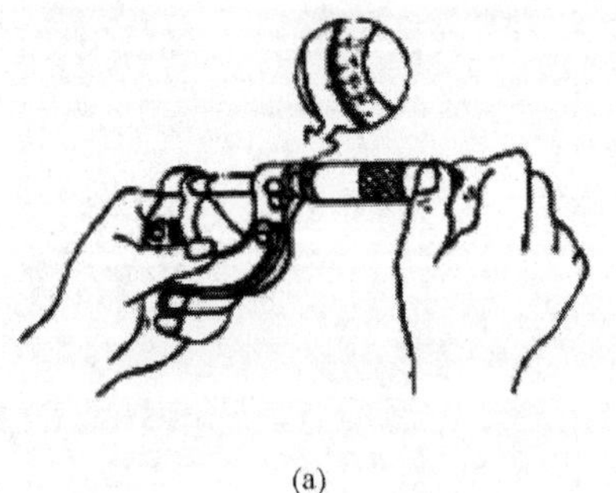

(a)

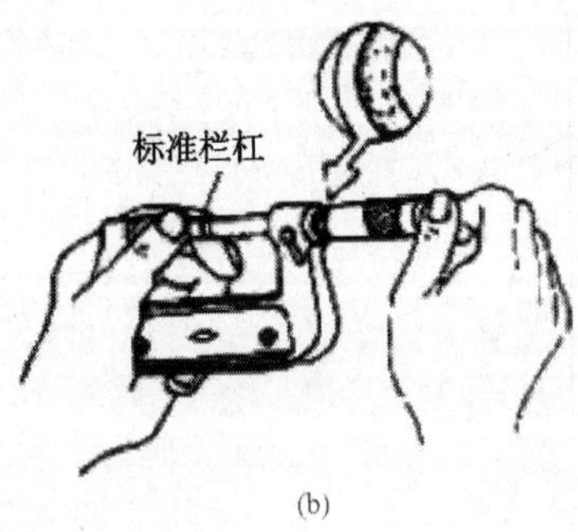

(b)

图1—2—1　千分尺的零位检查

（1）校验千分尺的工具：

（2）校验千分尺的步骤：

3. 如图 1—2—2 所示，游标卡尺测量的几何要素有很多，本任务主要用于测量精度要求不高的轴径尺寸。回顾或查阅资料，写出用游标卡尺测量零件的方法和注意事项。

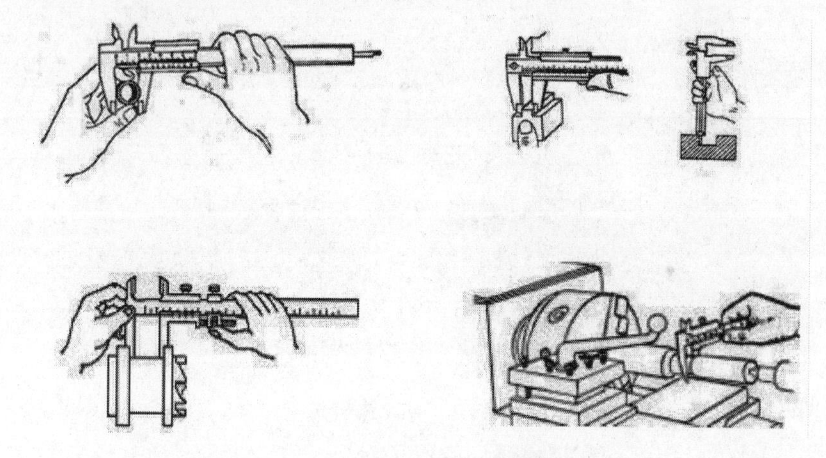

图 1—2—2　用游标卡尺测量零件

4. 千分尺常用于测量精度要求较高的几何要素，本任务中主要用于测量带公差要求的轴径。仔细观察图 1—2—3，写出用千分尺可以测量的几何要素以及用千分尺测量零件的方法和注意事项。

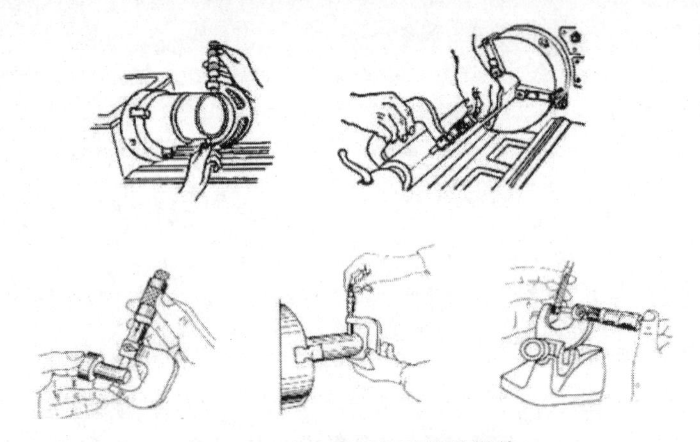

图 1－2－3　用千分尺测量零件

5. 检测螺纹时可使用螺纹千分尺、螺纹环规等。如图 1－2－4 所示，用螺纹环规检测外螺纹的具体步骤是怎样的？如何区分通规、止规？进行检测时需要注意哪些事项？

图 1－2－4　螺纹

(1) 用螺纹环规检测外螺纹的具体步骤：

（2）区分通规、止规的方法：

（3）螺纹环规的使用注意事项：

6. 图1—2—5（b）所示是在用螺纹千分尺检测三角形外螺纹的哪一个尺寸参数？写出图示螺纹千分尺的各组成部分名称以及用其测量螺纹尺寸的具体步骤和使用注意事项。

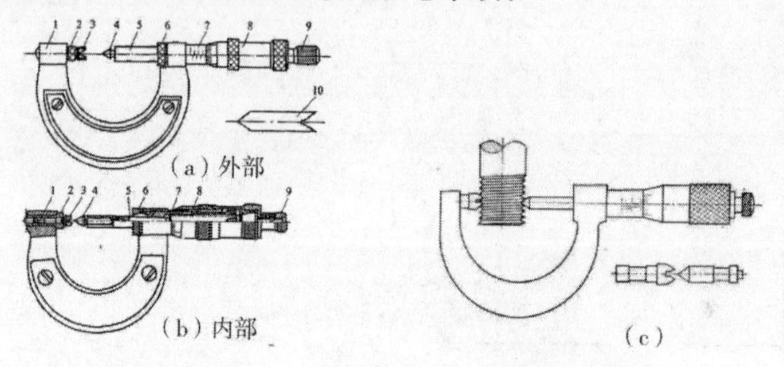

图1—2—5　用螺纹千分尺测量三角形螺纹

（1）测量的尺寸参数：

（2）螺纹千分尺各组成部分名称：

（3）用螺纹千分尺测量螺纹尺寸的具体步骤：

（4）螺纹千分尺的使用注意事项：

7. 在任务中内孔尺寸的检测可使用内径百分表或光滑塞规，如图 1－2－6 所示。回顾或查阅资料，写出用内径百分表或光滑塞规测量零件内孔的方法和需要注意的事项。

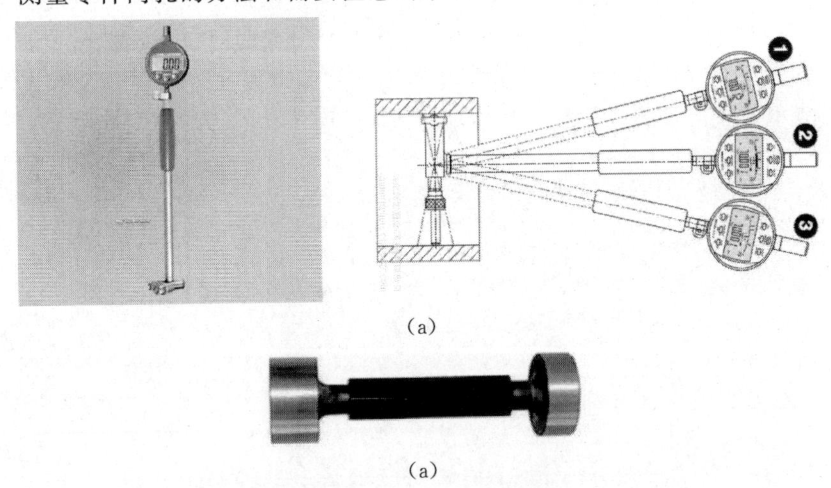

(a)

(a)

图 1－2－6　用内径百分表（a）和光滑塞规（b）测量内孔

8. 本任务中圆弧尺寸的检测用到了半径规，简要说明半径规的使用方法和使用注意事项。

三、检测零件，填写测量记录卡

检测零件，填写测量记录卡（表1—2—2）。

表1—2—2　轴测量记录卡

序号	检测内容		第一次	第二次	第三次	平均值	结论
1	主要尺寸	$\phi48^{0}_{-0.025}$					
2		$\phi29^{0}_{-0.025}$					
3		$\phi^{0}_{-0.04}$					
4		$\phi34^{0.025}_{0}$					
5		$15^{0.01}_{0}$					
6		68±0.04					
7		$\phi40$					
8		$R10$					
9		20					
10		14					
11		8					
12		5					
13		$C1$(2处)					
14		$C2$(3处)					
15	表面粗糙度	被测面	要求值	实际值	被测面	要求值	实际值
16		$\phi34^{0.025}_{0}$			$R10$		
17		$\phi48^{0}_{-0.025}$	$Ra1.6$		$C1$(2处)		
18		$\phi29^{0}_{-0.025}$			$C2$(3处)	$Ra3.2$	
19		$\phi20^{0}_{-0.04}$	$Ra6.3$		左端面		
20		$\phi40$	$Ru3.2$		右端面		
表面粗糙度检测结论							

四、撰写零件检测报告

完成检测报告（表 2—1—3），综合结论分析。

表 1—2—3　零件检测报告

<table>
<tr><td colspan="2" rowspan="2">零件名称</td><td>型号规格</td><td>数量</td><td>抽检比例</td><td>抽检数量</td></tr>
<tr><td></td><td></td><td></td><td></td></tr>
<tr><td>序号</td><td>检测项目</td><td colspan="2">技术要求</td><td>实测合格</td><td>检测员</td></tr>
<tr><td>1</td><td>外观质量</td><td colspan="2">产品不得有损伤、
变形和锈蚀</td><td></td><td></td></tr>
<tr><td>2</td><td>表面粗糙度</td><td colspan="2">符合图样要求</td><td></td><td></td></tr>
<tr><td>3</td><td>几何尺寸</td><td colspan="2">符合图样要求</td><td></td><td></td></tr>
<tr><td>4</td><td></td><td colspan="2"></td><td></td><td></td></tr>
<tr><td>5</td><td></td><td colspan="2"></td><td></td><td></td></tr>
<tr><td>6</td><td></td><td colspan="2"></td><td></td><td></td></tr>
<tr><td colspan="4">轴检测结论</td><td></td><td></td></tr>
</table>

产品不合格的情况分析（零件返修后是否可用）：

检测结论：

检测员：　　　　日期：

注：实测合格以“√”表示。

五、检测完毕，整理现场

1. 量具的维护和保养

（1）游标卡尺和千分尺使用后，应如何进行维护保养和存放？

1）维护保养过程：

2）存放：

（2）螺纹千分尺和螺纹环规使用结束后，应如何进行维护保养和存放？

1）维护保养过程：

2）存放：

（3）表面粗糙度样板使用结束后，应如何进行维护和存放？

1）维护保养过程：

2）存放：

（4）表面粗糙度样板使用结束后，应如何进行维护保养和存放？

1）维护保养过程：

2）存放：

2. 经检测合格的轴零件应如何放置的？不合格又应怎么处理？

1）合格品的放置：

2）不合格品的处理：

3. 检测零件的过程中，你能否严格遵守检测室的安全操作规程？还有哪些方面需要改进？

4. 检测完毕后，你有没有按照规定整理工作现场？工作场地的清理要求有哪些？

评价与分析

学习活动2评价表

班级：________　　学生姓名：________　　学号：________

项目	自我评价（分）			小组评价（分）			教师评价（分）		
	10～9	8～6	5～1	10～9	8～6	5～1	10～9	8～6	5～1
	占总评10%			占总评30%			占总评60%		
检测过程规范性									
检测报告									
整理现场									
回答问题									
学习主动性									
协作精神									
工作态度									
纪律观念									
表达能力									
工作页质量									
小计									
总评									

任课教师：________　　年　　月　　日

学习活动3　展示、评价与总结

学习目标

1. 能按分组情况，分别派代表展示工作成果，说明本次任务的完成情况，并作分析总结。

2. 能结合自身任务完成情况，正确规范地撰写工作总结，内容翔实。

3. 能就本次任务中出现的问题提出改进措施。

4. 了解万能工具显微镜、表面粗糙度检测仪的使用场合、结构和测量原理。

建议学时

4 学时

学习过程

一、展示评价（个人、小组评价）

把个人的检测报告先进行分组展示，再由小组推荐代表作必要的介绍。在展示的过程中，以小组为单位进行评价：评价完成后，根据其他组成员对本组展示成果的评价意见进行归纳总结。完成如下项目：

1. 展示的检测报告真实可靠、完整准确吗？

很好□　　　　　一般□　　　　　不准确□

2. 本小组介绍成果表达是否清晰？

很好□　　　　　一般，常补充□　　不清晰□

3. 本小组演示的轴检测方法操作正确吗？

正确□　　　　部分正确□　　　　不正确□

4. 本小组演示操作时遵循了“7S”的工作要求吗？

符合工作要求□　忽略了部分要求□　完全没有遵循□

5. 本小组的检测量具、量仪保养完好吗？

良好□　　　　一般□　　　　不符合要求□

6. 本小组的成员团队创新精神如何？

良好□　　　　一般□　　　　不足□

二、教师评价

教师对展示的检测报告分别作评价。

1. 找出各组的优点进行点评。

2. 对展示过程中各组的缺点进行点评，提出改进方法。

3. 对整个任务完成中出现的亮点和不足进行点评。

三、总结提升

1. 你是如何看待产品质量检测这项工作的？在检测过程中你遇到了哪些问题？是什么原因导致的？你的改进措施是什么？

2. 结合自身完成任务情况，通过交流讨论等方式，较全面规范地撰写本次任务的工作总结。

工作总结

____

____

____

____

____

____

3. 对于螺纹的检测，本次任务选用的是螺纹千分尺或螺纹环规。在实际的工业生产和科学研究过程中，高精度的螺纹也可用万能工具显微镜进行检测，它是一种使用十分广泛的光学测量仪器，具有较高的测量精度，适用于长度和角度的精密测量，如图 1—3—1 所示。试通过网络查询或者查阅相关的手册等方式，明确万能工具显微镜除可用于测量螺纹的几何参数外，还可以应用于哪些场合，其总体结构、测量原理、主要技术规格与精度又是怎样的。

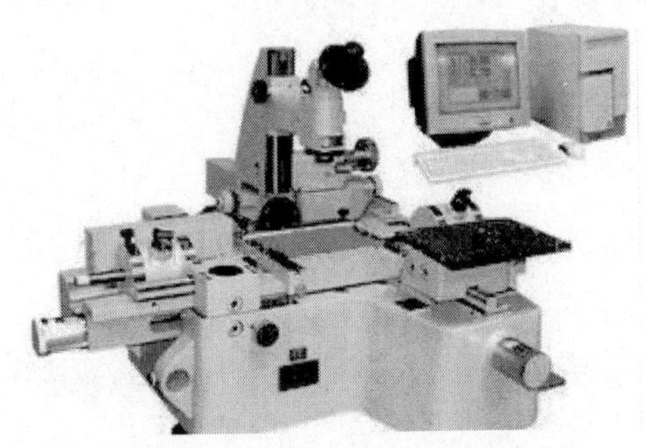

图 1—3—1　万能工具显微镜

(1) 万能工具显微镜的用途：

(2) 万能工具显微镜的总体结构：

(3) 万能工具显微镜的测量原理：

（4）万能工具显微镜的主要技术规格：

4．对于一般精度表面粗糙度的检测，可以采用表面粗糙度样板。但要精准测量表面粗糙度，则需采用表面粗糙度检测仪，如图1－3－2所示。表面粗糙度检测仪适用于测量各类机械加工表面（如平面、外圆、内孔、凹槽）的表面粗糙度，其操作和测量结果的运算均由计算机完成，并由计算机直接显示测量数据和表面粗糙度的轮廓曲线，使用方便，测量效率高。试通过网络查询或者查阅相关手册等方式，明确表面粗糙度检测仪的使用场合、总体结构、测量原理、主要技术规格与精度。

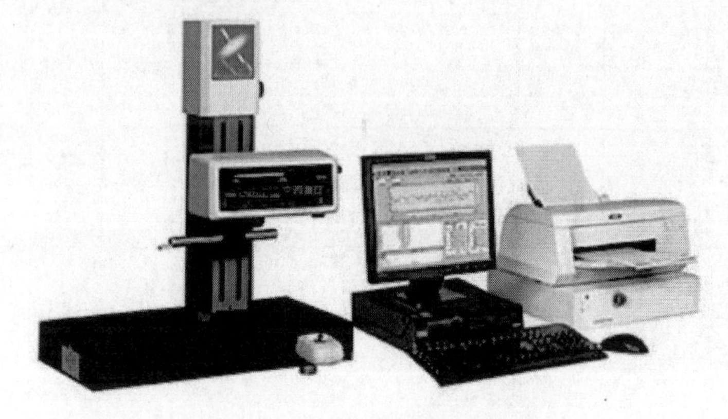

图1－3－2　表面粗糙度检测仪

（1）表面粗糙度检测仪的用途：

（2）表面粗糙度检测仪的总体结构：

（3）表面粗糙度检测仪的测量原理：

（4）表面粗糙度检测仪的主要技术规格与精度：

评价与分析

学习活动 3 评价表

班级：________　　学生姓名：________　　学号：________

项目	自我评价（分）			小组评价（分）			教师评价（分）		
	10～9	8～6	5～1	10～9	8～6	5～1	10～9	8～6	5～1
	占总评 10%			占总评 30%			占总评 60%		
学习活动 1									
学习活动 2									
学习活动 3									
表达能力									
协作精神									
纪律观念									
工作态度									
分析能力									
操作规范性									
任务总体表现									
小计									
总评									

任课教师：________　　年　　月　　日

学习任务二　斜盘的检测

学习目标

1. 能通过阅读检测任务单，明确检测任务（如检测数量、完成时间等要求）。

2. 能识读盘类零件图样，明确盘类零件的结构特点、各尺寸精度要求等。

3. 能根据检测要素及其要求，选择测量方法及量具，制定合理的检测方案。

4. 能通过查阅相关技术文件，明确本次任务涉及量具的使用方法和保养措施。

5. 能规范使用量具、量仪与辅具对盘类零件进行检测，并正确读数、准确记录测量结果。

6. 了解三坐标测量仪的使用场合。

7. 能对斜盘检测结果进行必要的分析，形成检测报告，并对不合格产品提出返修意见。

8. 能按检测室现场管理规定和产品工艺流程的要求，正确放置斜盘类零件以及检测用量具、量仪与辅具，并整理现场。

9. 能主动获取有效信息，展示工作成果，对学习和工作进行反思总结，并能与他人开展良好合作，进行有效的沟通。

建议学时

12 学时

工作情景描述

牡丹江富通空调机有限公司承接了一批空调机中的斜盘零件加工订单，数量 100 件，现已完成车削加工，需送检测组进行终检，要求检测组在 1 天内按照检测任务单和图样要求完成轴的检测，并提交检测报告。

工作流程与活动

学习活动 1. 分析任务要求，制定检测方案
学习活动 2. 检测零件，出具检测报告
学习活动 3. 展示、评价与总结

学习活动 1　分析任务要求，制定检测方案

学习目标

1. 能通过阅读斜盘检测任务单，明确检测任务（如检测数量、完成时间等要求）。

2. 能识读斜盘零件图样，明确斜盘零件的结构特点、各尺寸精度要求、相关几何公差的含义。

3. 能通过查阅相关技术文件，根据检测要求合理选择检测斜盘所需的量具、量仪与辅具，并能描述所选量具、量仪的规格、精度等级等内容。

4. 能根据检测要求制定合理的检测方案。

建议学时

4 学时

学习过程

领取斜盘的检测任务单、零件图样，明确本次检测任务的内容，制定检测方案。

一、阅读检测任务单

学会阅读检测任务单（表 2—1—1）。

表 2—1—1　检测任务单

单位名称		××企业			完成时间	2014 年 3 月 8 日	
序号	产品名称	材料	来件数量	检测数量	技术标准、质量要求		
1	端盖	45 钢	100 件	20 件	按图样要求		
2							
3							
检测批准时间		2014 年 3 月 4 日		批准人			
通知任务时间		2014 年 3 月 5 日		发单人			
接单时间		2014 年 3 月 6 日		接单人		生产班组	检测组

1. 本次检测任务需要检测产品名称是什么？材料是什么？数量是多少？

2. 本次斜盘检测任务的工作周期为多少天？你计划如何分配任务来完成斜盘零件的检测？

3. 结合斜盘的作用和使用场合，分小组讨论斜盘检测时应重点检测哪些项目？

二、分析零件图

分析零件图 2－1－1。

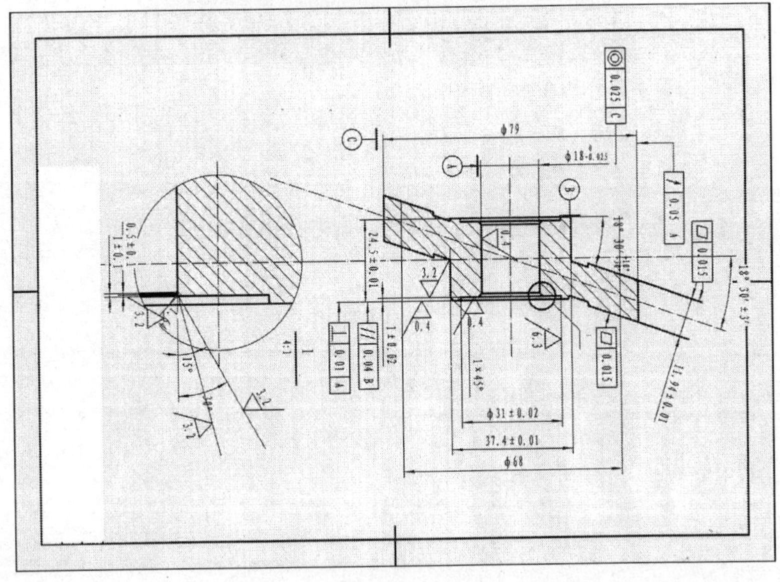

图 2－1－1

1. 识读图 2－1－1 并简述该斜盘零件由哪些几何要素组成。

2. 识读图 2－1－1，通过查阅公差与配合等相关资料，确定斜盘零件标注尺寸的公差数值和尺寸范围，并记录在表 2－1－2 中。

表 2—1—2　斜盘零件的尺寸要求

序号	项目	标注尺寸	公差数值	尺寸范围
1	外圆	$\phi 79$		
2	内孔	$\phi 31$		
3	深度	1		
4	长度	0.5		
5	长度	1		
6	角度	$15°30'$		
7	圆角	2		
8	高度			
9	毛坯尺寸			

3. 识读图 2—1—1，将斜盘零件各几何公差的含义填写在表 2—1—3中。

表 2—1—3　斜盘零件各几何公差的含义

序号	几何公差	几何公差含义
1	▱ | 0.015 | A	
2	∫ | 0.05 | A	
3	// | 0.04 | B	
4	⊥ | 0.01 | A	
5	▱ | 0.015	

4. 在表2—1—4中写出斜盘零件图中各表面粗糙度的含义。

表2—1—4 斜盘零件图中各表面粗糙度的含义

序号	表面粗糙度	表面粗糙度含义
1	$\sqrt{0.4}$	
2	$\sqrt{3.2}$	
3	$\sqrt{6.3}$	

三、根据检测要求，选择检具

1. 仔细观察以下常用检具，通过网络查询或者查阅相关的手册等方式，说明这些常用检具的用途。

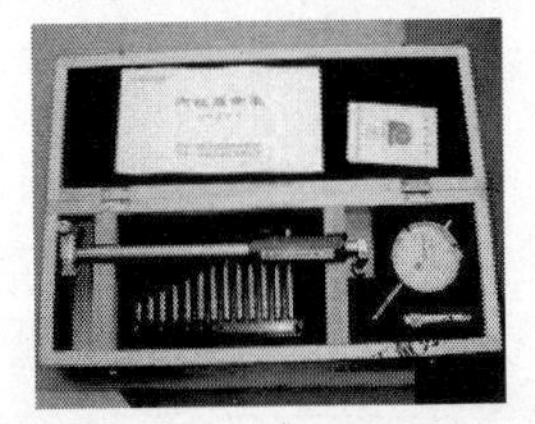

量具名称：内径百分表

用途：________________

____

____

量具名称：偏摆仪

用途：________________

____

____

量具名称：________________

用途：________________

____

量具名称：________________

用途：________________

____

量具名称：________________

用途：________________

____

____

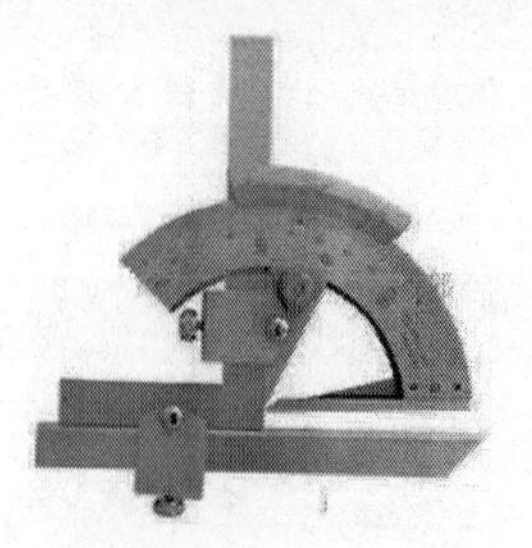

量具名称：________________

用途：________________

____

____

量具名称：________________

用途：________________

____

____

量具名称：________________

用途：________________

____

____

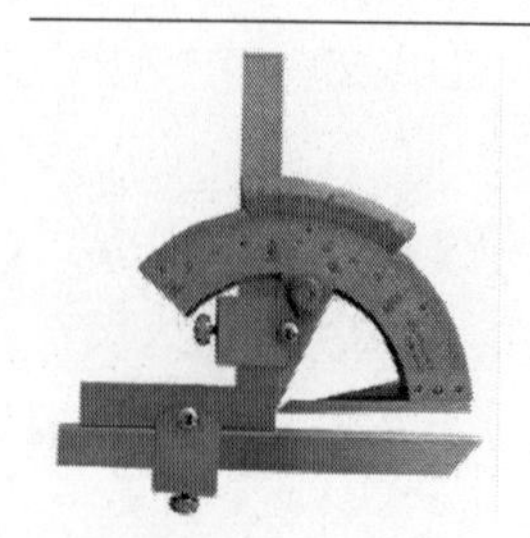

量具名称：________________

用途：________________

____

____

量具名称：________________

用途：________________

____

____

量具名称：________________
用途：________________
____
____

量具名称：________________
用途：________________
____
____

2. 检测斜盘的平行度误差需准备哪些检具？画出平行度公差的检测示意图，并说明具体的检测方法和步骤。

（1）所需检具：

（2）检测示意图：

（3）被测要素和基准的特征：

（4）检测方法和步骤：

3. 检测斜盘的垂直度误差需准备哪些检具？画出垂直度公差的检测示意图，并说明具体的检测方法和步骤。

（1）所需检具：

（2）检测示意图：

（3）被测要素和基准的特征：

（4）检测方法和步骤：

4. 本任务中检测斜盘的位置度误差需准备哪些检具？画出位置度公差的检测示意图，并说明具体的检测方法和步骤。

（1）所需检具：

（2）检测示意图：

（3）被测要素和基准的特征：

（4）检测方法和步骤：

5. 本任务中检测斜盘的同轴度误差需准备哪些检具？画出同轴度公差的检测示意图，并说明具体的检测方法和步骤。

（1）所需检具：

（2）检测示意图：

（3）被测要素和基准特征：

（4）检测方法和步骤：

6. 通过小组讨论，根据被检测斜盘图样的检测项目确定本任务需要用到的量具，并将其规格、精度等级填写在表2—1—5中。

表2—1—5　斜盘检测所需量具

检测项目	量具（仪器）	规格	精度等级

四、制定检测方案

完成斜盘零件检测方案（表2—1—6）。

表 2—1—6　斜盘零件检测方案

工序		检测卡片		产品型号		零件图号	
				产品名称		零件名称	
工序号	工序名称	车间	检测项目	技术要求	检测手段	检测方案	检测操作要求
				编制(日期)	审核(日期)	会签(日期)	批准(日期)
标记	处数	更改文件号	签字	日期			

评价与分析

学习活动 1 评价表

班级：________　　学生姓名：________　　学号：________

项目	自我评价（分）			小组评价（分）			教师评价（分）		
	10～9	8～6	5～1	10～9	8～6	5～1	10～9	8～6	5～1
	占总评 10%			占总评 30%			占总评 60%		
图样分析									
搜集信息									
量具选择									
检测方案确定									
学习主动性									
协作精神									
工作态度									
纪律观念									
表达能力									
工作页质量									
小计									
总评									

任课教师：________　　　年　　月　　日

学习活动 2　检测零件，出具检测报告

学习目标

1. 能正熟练使用量具对斜盘的主要尺寸和表面粗糙度教学检测，并准确记录测量结果。

2. 能规范使用量具对斜盘零件的几何公差进行检测。

3. 能规范填写轴测量记录卡，并对斜盘测量记录卡进行综合分析，形成斜盘检测报告。

4. 能对不合格产品产生原因进行简单分析，并对不合格产品提出处置建议。

5. 能按检测室现场管理规定和产品工艺流程的要求，正确放置轴类零件、检测用量具等。

建议学时

6 学时

学习过程

一、准备量具及辅具

1. 填写量具及辅具清单（表 2—2—1）并领取所需量具及辅具。

表 2－2－1　量具及辅具清单

序号	量具及辅具名称	规格	精度	数量	量具是否完好
1					
2					
3					
4					
5					
6					
7					
8					
9					
10					
11					
12					

2. 偏摆仪主要用于检测轴类、盘类、套类等零件的圆度、圆柱度、同轴度、径向圆跳动和端面圆跳动等几何误差。仔细观察图2－2－1，写出偏摆仪的使用方法和使用注意事项。

图 2－2－1　用偏摆仪检测轴类零件的圆度和圆柱度误差

二、检测斜盘零件

检测斜盘零件，填写测量记录卡（表 2—2—3）。

表 2—2—2　斜盘测量记录卡

序号	检测内容		第一次	第二次	第三次	平均值	结论
1							
2							
3							
4							
5							
6							
7							
8							
9							
10							

三、填写零件检测报告

填写零件检测报告（表 2—2—3），综合结论分析。

表 2—2—3 零件检测报告

<table>
<tr><td colspan="2" rowspan="2">零件名称</td><td>型号规格</td><td>数量</td><td>抽检比例</td><td>抽检数量</td></tr>
<tr><td></td><td></td><td></td><td></td></tr>
<tr><td>序号</td><td>检测项目</td><td colspan="2">技术要求</td><td>实测合格</td><td>检测员</td></tr>
<tr><td>1</td><td>外观质量</td><td colspan="2">产品不得有损伤、变形和锈蚀</td><td></td><td></td></tr>
<tr><td>2</td><td>表面粗糙度</td><td colspan="2">符合图样要求</td><td></td><td></td></tr>
<tr><td>3</td><td>几何尺寸</td><td colspan="2">符合图样要求</td><td></td><td></td></tr>
<tr><td>4</td><td>垂直度</td><td colspan="2"></td><td></td><td></td></tr>
<tr><td>5</td><td>位置度</td><td colspan="2"></td><td></td><td></td></tr>
<tr><td>6</td><td>同轴度</td><td colspan="2"></td><td></td><td></td></tr>
<tr><td colspan="4">轴检测结论</td><td></td><td></td></tr>
</table>

产品不合格的情况分析（零件返修后是否可用）

检测结论

检测员　　　　日期

注：实测合格以“√”表示。

四、检测完毕，整理现场

1. 工具与量仪的维护保养

（1）偏摆仪使用结束后，应如何进行维护保养和存放？

1）维护保养过程：

2）存放：

（2）心轴使用结束后，应如何进行维护保养和存放？

1）维护保养过程：

2）存放：

（3）卡规使用结束后，应如何进行维护保养和存放？

1）维护保养过程：

2）存放：

（4）螺旋形测微仪（测量座）使用结束后，应如何进行维护保养和存放？

1）维护保养过程：

2）存放：

(5) 磁性表座使用结束后，应如何进行维护保养和存放？

1) 维护保养过程：

2) 存放：

(6) 百分表、千分表使用结束后，应如何进行维护保养和存放？

1) 维护保养过程：

2) 存放：

(7) 微型千斤顶使用结束后，应如何进行维护保养和存放？

1) 维护保养过程：

2) 存放：

(8) V形铁使用结束后，应如何进行维护保养和存放？

1) 维护保养过程：

2) 存放：

2. 经检验合格的斜盘零件应如何放置？不合格又应如何处理的？

(1) 合格品的放置：

(2) 不合格品的处理：

3. 检测完成后，你有没有按照规定整理工作现场？存在的不足是如何改进的？

评价与分析

学习活动 2 评价表

班级：________　　学生姓名：________　　学号：________

项目	自我评价（分）			小组评价（分）			教师评价（分）		
	10～9	8～6	5～1	10～9	8～6	5～1	10～9	8～6	5～1
	占总评 10%			占总评 30%			占总评 60%		
检测过程规范性									
检测报告									
整理现场									
回答问题									
学习主动性									
协作精神									
工作态度									
纪律观念									
表达能力									
工作页质量									
小计									
总评									

任课教师：________　　　年　　月　　日

学习活动3　展示、评价与总结

学习目标

1. 能按分组情况，分别派代表展示工作成果，说明本次任务的完成情况，并作分析总结。

2. 能结合自身任务完成情况，正确规范地撰写工作总结，内容翔实。

3. 能就本次任务中出现的问题提出改进措施。

4. 了解三坐标测量仪的使用场合、结构和测量原理。

建议学时

4学时

学习过程

一、展示评价（个人、小组评价）

把个人的检测报告先进行分组展示，再由小组推荐代表作必要的介绍。在展示的过程中，以小组为单位进行评价：评价完成后，根据其他组成员对本组展示成果的评价意见进行归纳总结。完成如下项目：

1. 展示的检测报告真实可靠、完整准确吗？

很好□　　　　　一般□　　　　　不准确□

2. 本小组介绍成果表达是否清晰？

很好□　　　　　一般，常补充□　　　　　不清晰□

3. 本小组演示的斜盘检测方法操作正确吗？

正确□　　　　　部分正确□　　　　　不正确□

4. 本小组演示操作时遵循了“7S”的工作要求吗？

符合工作要求□ 忽略了部分要求□ 完全没有遵循□

5. 本小组的检测量具、量仪保养完好吗？

良好□ 一般□ 不符合要求□

6. 本小组的成员团队创新精神如何？

良好□ 一般□ 不足□

二、教师评价

教师对展示的检测报告分别作评价。

1. 找出各组的优点进行点评。
2. 对展示过程中各组的缺点进行点评，提出改进方法。
3. 对整个任务完成中出现的亮点和不足进行点评。

三、总结提升

1. 在检测过程中你遇到了哪些问题？是什么原因导致的？你的改进措施是什么？

2. 结合自身完成任务情况，通过交流讨论等方式，较全面规范地撰写本次任务的工作总结。

工作总结（心得体会）

____

____

____

____

____

____

3. 在本次斜盘检测任务中涉及的许多几何形状、组成要素位置坐标等高精度检测也可用三坐标测量仪进行检测。三坐标测量仪是指在一个六面体的空间范围内，能够表现几何形状、长度及圆周分度测量能力的仪器，如图 2—3—1 所示。其广泛应用于汽车、电子、机械、模具等制造领域中，可用对箱体、机架、齿轮、凸轮、蜗轮、蜗杆、叶片、曲线、曲面等进行精密检测。试通过网络查询或者查阅相关手册等方式，明确三坐标测量仪的使用场合、总体结构、测量原理、主要技术规格与精度。

图 2—3—1　三坐标测量仪

（1）三坐标测量仪的使用场合：

（2）三坐标测量仪的总体结构：

（3）三坐标测量仪测量原理：

（4）三坐标测量仪主要技术规格与精度：

评价与分析

学习活动3评价表

班级：________　　学生姓名：________　　学号：________

项目	自我评价（分）			小组评价（分）			教师评价（分）		
	10～9	8～6	5～1	10～9	8～6	5～1	10～9	8～6	5～1
	占总评10%			占总评30%			占总评60%		
学习活动1									
学习活动2									
学习活动3									
表达能力									
协作精神									
纪律观念									
工作态度									
分析能力									
操作规范性									
任务总体表现									
小计									
总评									

任课教师：________　　　年　　月　　日

学习任务三　齿轮的检测

学习目标

1. 能熟练识读检测任务单，明确检测任务（如检测数量、完成时间等要求）。

2. 能识读齿轮类零件图样，明确齿轮类零件的结构特点、各尺寸精度要求、相关几何公差的含义等。

3. 能根据检测要素及其要求，选择适当的测量方法及量具，并制定合理的检测方案。

4. 能通过查阅相关技术文件，明确本次任务涉及量具的使用方法和保养措施。

5. 能规范使用量具、量仪与辅具对盘类零件进行检测，并正确读数、准确记录测量结果。

6. 了解投影仪的使用场合。

7. 能对齿轮检测结果进行必要的分析，形成检测报告，并对不合格产品提出返修意见。

8. 能按检测室现场管理规定和产品工艺流程的要求，正确放置齿轮类零件以及检测用量具，量仪与辅具，并整理现场。

9. 能主动获取有效信息，展示工作成果，对学习和工作进行反思总结，并能与他人开展良好合作、进行有效的沟通。

建议学时

24学时

工作情景描述

牡丹江富通空调机有限公司承接了一批空调机中的斜盘零件加工订单，数量20件，现已完成车削加工，需送检测组进行终检，要求检测组在3天内按照检测任务单和图样要求完成轴的检测，并提交检测报告。

工作流程与活动

学习活动1. 分析任务要求，制定检测方案
学习活动2. 检测零件，出具检测报告
学习活动3. 展示、评价与总结

学习活动1　分析任务要求，制定检测方案

学习目标

1. 能熟练识读齿轮检测任务单，明确检测任务（如检测数量、完成时间等要求）。

2. 能识读标准直圆柱齿轮零件图样，明确齿轮零件的结构特点、各尺寸精度要求、相关几何公差的含义。

3. 能通过查阅相关手册计算齿轮的基本参数。

4. 能通过查阅相关技术文件，根据检测要求合理选择检测斜盘所需的量具、量仪与辅具，并能描述所选量具、量仪的规格、精度等级等内容。

5. 能根据检测要求制定合理的检测方案。

建议学时

8学时

学习过程

领取齿轮的检测任务单、零件图样，明确本次检测任务的内容，制定检测方案。

一、阅读检测任务单

阅读检测任务单（表3—1—1），并回答问题。

表3—1—1 检测任务单

单位名称		企业名称			完成时间	2014年×月×日	
序号	产品名称	材质	来件数量	检测数量	技术标准、质量要求		
1	直齿圆柱齿轮	45#	20件	20件	按图样要求		
2							
3							
检测批准时间			批准人				
通知任务时间			发单人				
接单时间			接单人			生产班组	检测组

1．本次检测任务需要检测产品名称是什么？材料是什么？数量是多少？

2．本次齿轮检测任务的工作周期为多少天？你计划如何分配任务来完成斜盘零件的检测？

3．作为最主要的机械传动方式之一，齿轮传动一直广泛应用于金属切削机床，工程机械、冶金机械以及交通运输设备中。你能列举出3～5处应用齿轮传动的场合吗？为什么齿轮传动的应用如此广泛？其传动特点是什么？

4. 仔细观察图 3－1－1 所示齿轮传动实例，分组讨论齿轮传动具有哪些功用，影响测量正常工作的因素有哪些。

图 3－1－1　齿轮传动实例

（1）齿轮的功用：

（2）影响齿轮正常工作的因素：

5. 齿轮传动类型很多，如图 3－1－2 所示，你能说出它们分别属于哪种齿轮传动类型吗？填写在对应的括号内。本次任务要检测的齿轮常用于哪种类型的齿轮传动？

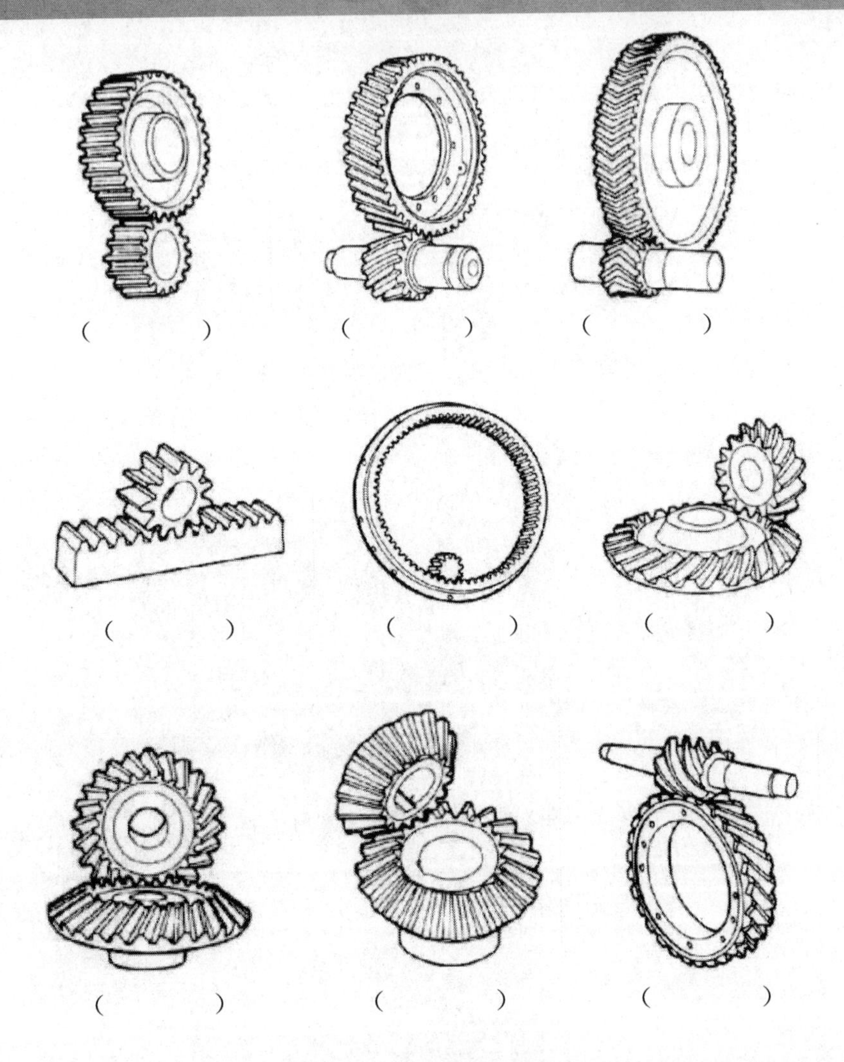

图 3—1—2 齿轮传动类型

6. 每个齿轮的大小不同、规格不一，为了能清楚准确地描述每一个特定齿轮的结构、大小，国家标准规定了齿轮的基本尺寸参数。试在图 3—1—3 中标出渐开线直齿圆柱齿轮的基本尺寸代号，并写出各基本尺寸参数的名称、含义。

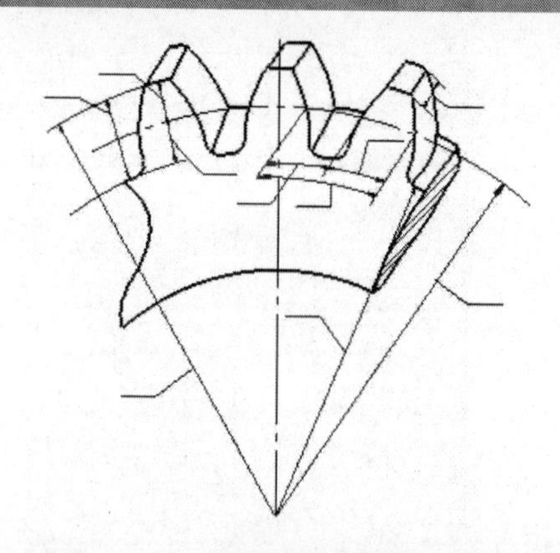

图 3—1—3　渐开线直齿圆柱齿轮

(1) 基本尺寸参数名称：

(2) 基本尺寸参数含义：

7. 一对标准直齿圆柱齿轮能正确啮合传动需要满足怎样的条件？

8. 为了保证齿轮能正确有效工作，你认为检测齿轮时应重点检测哪些项目？

二、分析零件图

通过分析下列零件图（图 3－1－4），完成下列练习。

(a) 立体图

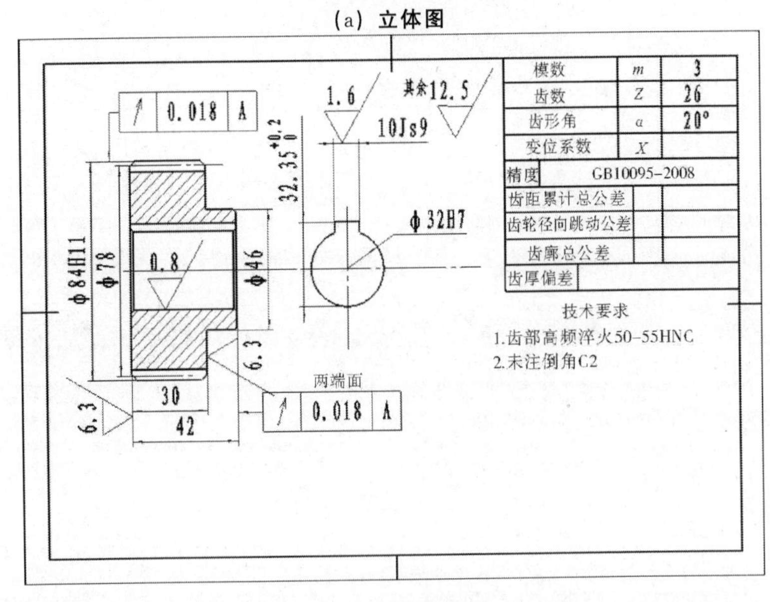

(b) 零件图

图 3－1－4　齿轮

1. 根据图 3－1－4 中已知基本参数，计算出渐开线标准直齿圆柱齿轮的几何尺寸，并把结果填写在表 3－1－2 中。

表 3－1－2　外啮合标准直齿圆柱齿轮的几何尺寸计算

名称	代号	计算公式	结果
齿形角	α	（标准齿轮为 20°）	
齿数	z	（由传动比计算确定）	
模数	m	（根据结构设计、计算确定）	
变位系数	x	（根据结构设计确定）	
齿厚	s	$s=\frac{p}{2}=\frac{\pi m}{2}$	
齿槽宽	e	$e=\frac{p}{2}=\frac{\pi m}{2}$	
齿距	p	$p=\pi m$	
齿顶高	h_a	$h_a=h_a*m=m$	
齿根高	h_f	$h_f=(h_a*+c*)\ m=1.25m$	
齿高	h	$h=h_a+h_f=2.25m$	
分度圆直径	d	$d=mz$	
齿顶圆直径	d_a	$d_a=d+2h_a=m\ (z+2)$	
齿根圆直径	d_f	$d_f=d-2h_f=m\ (z-2.2)$	
基圆直径	d_b	$d_b=d\cos\alpha$	
标准中心距	a	$a=d_1+d_2=m\ (z_1+z_2)\ /2$（外啮合）	

2．通过查阅公差与配合等相关资料，确定齿轮零件标注尺寸的公差数值和尺寸范围，并记录在表 3－1－3 中。

表 3－1－3

序号	标注尺寸	公差数值	尺寸范围
1			
2			
3			
4			
5			

3．写出齿轮零件的几何公差要求，并将其对应含义填写在表3－1－4中。

表3－1－4　齿轮零件各几何公差的含义

序号	几何公差	几何公差含义
1		
2		
3		
4		

4．写出齿轮零件的表面粗糙度要求，并将其对应含义填写在表3－1－5中。

表3－1－5　齿轮零件各表面粗糙度的含义

序号	表面粗糙度	表面粗糙度含义
1		
2		
3		

5．想一想，要保证各种仪器设备的工作性能、精度、承载能力和使用寿命等满足工作要求，对齿轮传动的性能应该有哪些方面的要求？

6．观察图3－1－5所示齿轮传动应用实例，分组讨论齿轮误差有哪些形式？

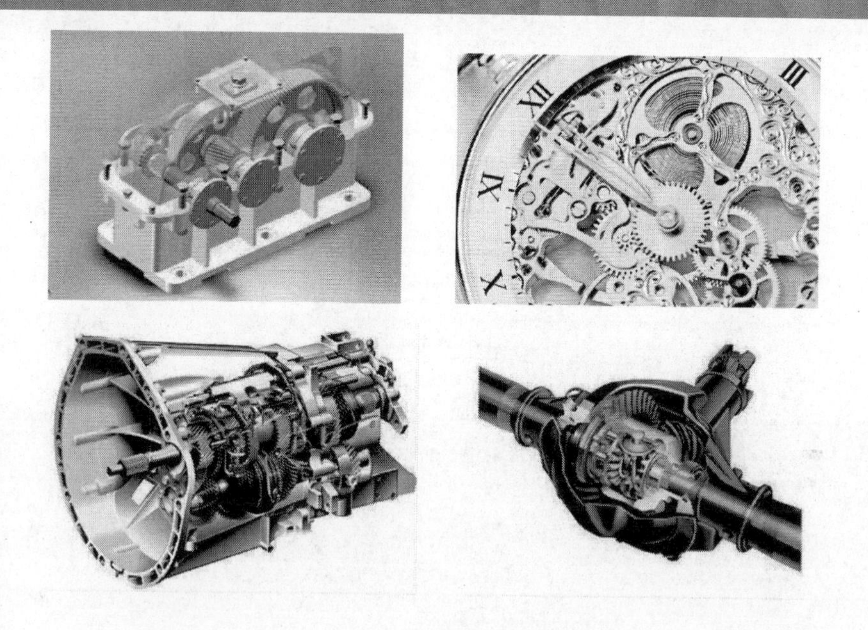

图 3—1—5　齿轮传动应用实例

7. 齿轮齿距的变化会直接影响测量传动的平稳性和运动准确性等，因此齿轮检测时必须要确保齿距偏差在允许的范围内。而齿轮齿距的测量通常需要专门的精密量仪，所以实际中常用测量齿轮公法线长度的方法来检测齿轮齿距参数是否符合精度要求。根据图样信息计算被检测量的公法线长度。

8. 查阅相关资料，说出图 3—1—4（b）右上角表中各代号的含义，并记录在表 3—1—6 中。

表 3—1—6　齿轮误差和精度要求

序号	代号	代号含义
1		
2		

续表

序号	代号	代号含义
3		
4		
5		
6		

9. 根据图样分析，列写出本任务的检测项目。

三、根据检测要求，选择检具

1. 仔细观察以下常用量具，通过网络查询或查阅手册的方式，说明这些常用量具的用途。

量具名称：________________

用途：________________

____

____

量具名称：________________

用途：________________

____

____

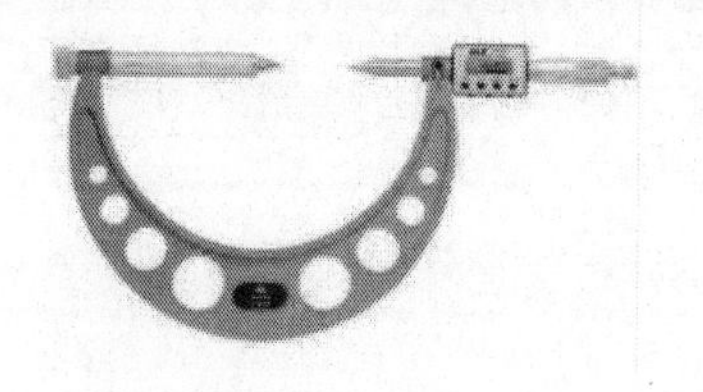

量具名称：________________

用途：________________

____

____

量具名称：________________

用途：________________

____

____

2. 检测齿轮的端面圆跳动误差需准备哪些检具？画出齿轮端面圆跳动公差的检测示意图，并说明具体的检测方法和步骤。

（1）所需检具：

（2）检测示意图：

（3）被检要素和基准的特征：

（4）检测方法和步骤：

3. 检测齿轮的径向圆跳动误差需准备哪些检具？画出齿轮径向跳动公差的检测示意图，并说明具体的检测方法和步骤。

（1）所需检具：

（2）检测示意图：

（3）被检要素和基准的特征：

（4）检测方法和步骤：

4. 本任务中检测对称度误差需准备哪些检具？画出对称度公差的检测示意图，并说明检测方法和具体步骤。

（1）所需检具：

（2）检测示意图：

（3）被检要素和基准的特征：

（4）检测方法和步骤：

5. 通过小组讨论，根据被检测齿轮图样的检测项目确定本任务需要用到的量具，并将其规格、精度等级填写在表3－1－7中。

表 3－1－7　齿轮检测所需量具

检测项目	量具（仪器）	规格	精度等级

四、制定检测方案

制定检测方案，完成表 3－1－8。

表 3—1—8 斜盘零件检测方案

工序		检测卡片		产品型号		零件图号	
				产品名称		零件名称	
工序号	工序名称	车间	检测项目	技术要求	检测手段	检测方案	检测操作要求

					编制(日期)	审核(日期)	会签(日期)	批准(日期)
标记	处数	更改文件号	签字	日期				

评价与分析

学习活动1评价表

班级：________　　学生姓名：________　　学号：________

项目	自我评价（分）			小组评价（分）			教师评价（分）		
	10～9	8～6	5～1	10～9	8～6	5～1	10～9	8～6	5～1
	占总评10%			占总评30%			占总评60%		
图样分析									
搜集信息									
量具选择									
检测方案确定									
学习主动性									
协作精神									
工作态度									
纪律观念									
表达能力									
工作页质量									
小计									
总评									

任课教师：________　　年　　月　　日

学习活动2　检测零件，出具检测报告

学习目标

1. 能正确测量标准直齿圆柱齿轮的齿顶圆直径、齿轮厚度、齿轮内孔直径、键槽宽度等尺寸。

2. 能正确测量标准直齿圆柱齿轮的齿厚偏差。

3. 能正确测量标准直齿圆柱齿轮的公法线偏差。

4. 能正确测量标准直齿圆柱齿轮的径向跳动误差。

5. 能规范填写齿轮测量记录卡，并对齿轮测量记录卡进行综合分析，形成齿轮检测报告。

6. 能对不合格产品产生原因进行简单分析，并对不合格产品提出处置建议。

7. 能按检测室现场管理规定和产品工艺流程的要求，正确放置齿轮零件、检测用量具等。

建议学时

6学时

学习过程

一、准备量具及辅具

1. 填写量具及辅具清单（表3－2－1），并领取所需量具及辅具。

表 3－2－1　量具及辅具清单

序号	量具及辅具名称	规格	精度	数量	量具是否完好
1					
2					
3					
4					
5					
6					
7					
8					
9					
10					
11					

2. 如图 3－2－1 所示，量仪测量的是直齿圆柱齿轮的哪一个参数？图示检测量仪各构件的名称是什么？写出用其检测齿轮参数的具体步骤和使用注意事项。

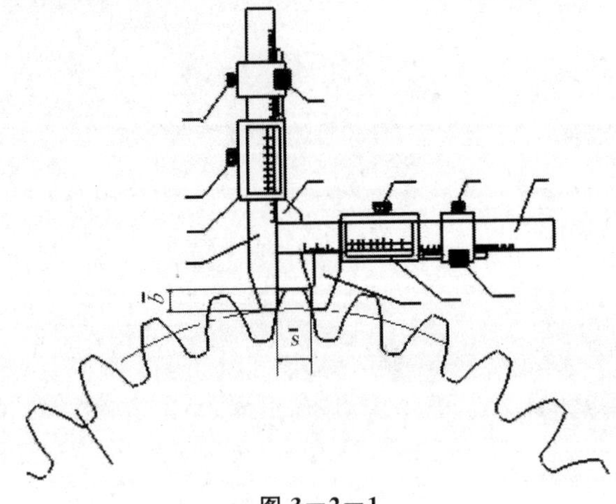

图 3－2－1

（1）测量的参数是：

（2）各组成构件的名称：

（3）具体的测量步骤：

（4）使用注意事项：

3. 如图 3—2—2 所示，量仪测量的是哪一个参数？写出用其检测齿轮参数的测量原理、具体步骤和使用注意事项。

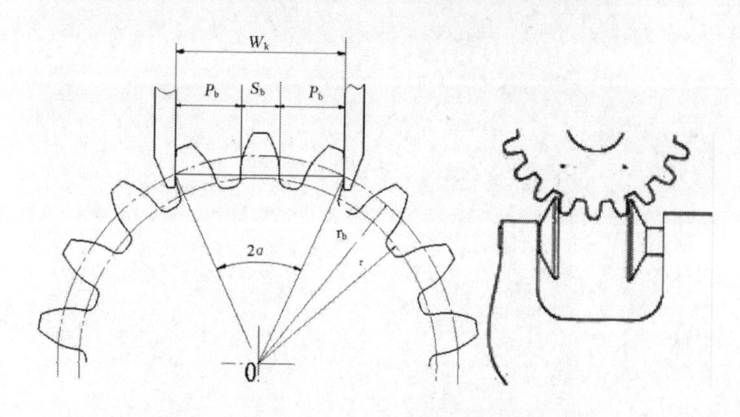

图 3—2—2　检测齿轮参数示意图

（1）测量的参数是：

（2）测量原理：

（3）具体的测量步骤：

（4）使用注意事项：

4. 如图 3－2－3 所示，量仪测量的是直齿圆柱齿轮的哪一个参数？应如何使用该量仪来检测齿轮相关参数，图示检测量仪各构件的名称是什么？有哪些使用注意事项？

图 3－2－3　检测齿轮参数示意图

（1）测量的参数是：

（2）具体的测量步骤：

（3）使用注意事项：

5. 如图 3－2－4 所示，量仪测量的是直齿圆柱齿轮的哪一个参数？应如何使用该量仪来检测齿轮相关参数，有哪些使用注意事项？

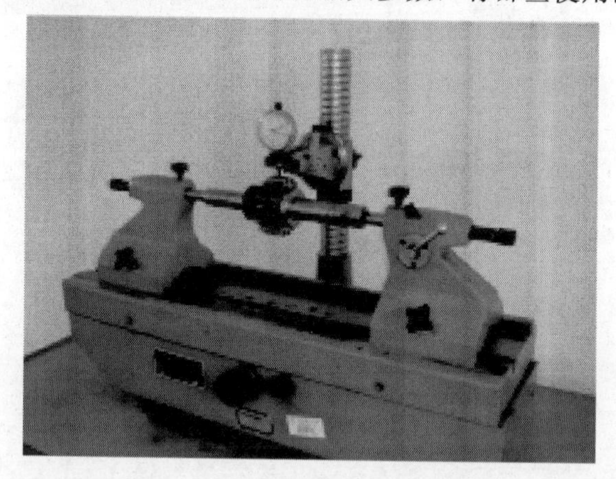

图 3－2－4　检测齿轮参数示意图

（1）测量的参数是：

（2）具体的测量步骤：

（3）使用注意事项：

二、检测齿轮零件、填写测量记录卡

1. 检测齿轮外形尺寸与端面圆跳动、位置度误差、并填写测量记录卡（表 3—2—2）。

表 3—2—2　齿轮外形尺寸与端面圆跳动、位置度测量记录卡

齿轮参数	模数 m	齿数 z	齿形角	齿轮精度等级			
检测项目		公称值（mm）	实际值（mm）				结论
			第一次	第二次	第三次	平均值	
齿轮外形尺寸	齿顶圆直径						
	齿轮厚度						
	齿轮内孔直径						
	键槽宽度						
	尺寸 84H11						
几何公差	左端面圆跳动						
	右端面圆跳动						
	对称度						
表面粗糙度	被测面						
	左端面						
	右端面						
	键槽侧面						
	结论						
加工后是否可用							

分析（误差产生的原因，改进措施）：

2. 检测齿轮齿厚偏差，并填写测量记录卡（表 3—2—3）。

表 3—2—3　测量齿厚偏差测量记录卡

<table>
<tr><td rowspan="7">被测齿轮参数及有关尺寸</td><td colspan="2">模数 m</td><td colspan="2">齿数 z</td><td colspan="2">齿形角 α</td><td>齿轮精度等级</td></tr>
<tr><td colspan="2"></td><td colspan="2"></td><td colspan="2"></td><td></td></tr>
<tr><td colspan="2">齿顶圆公称直径 d_a（mm）</td><td colspan="2">齿顶圆实际直径 d_{ac}（mm）</td><td colspan="2">齿顶圆实际偏差（mm）</td><td></td></tr>
<tr><td colspan="2"></td><td colspan="2"></td><td colspan="2"></td><td></td></tr>
<tr><td colspan="7">分度圆齿高 $=m\left[1+\frac{z}{2}\left(1-\cos\frac{90^\circ}{z}\right)\right]-\frac{d_a-d_{ac}}{2}=$　　　　(mm)</td></tr>
<tr><td colspan="7">分度圆公称弦齿厚 $=mz\frac{\sin 90^\circ}{z}=$　　　　(mm)</td></tr>
<tr><td colspan="7">齿厚上偏差 $E_{sns}=$　　　　(mm)
齿厚下偏差 $E_{sni}=$　　　　(mm)</td></tr>
<tr><td rowspan="3">测量记录</td><td>序号（平均值）</td><td>1</td><td>2</td><td>3</td><td>4</td><td>5</td><td>平均值</td></tr>
<tr><td>齿厚实测值（mm）</td><td></td><td></td><td></td><td></td><td></td><td></td></tr>
<tr><td>结论</td><td></td><td></td><td></td><td></td><td></td><td></td></tr>
<tr><td colspan="2">加工是否可用</td><td></td><td></td><td></td><td></td><td></td><td></td></tr>
</table>

分析（误差产生的原因，改进措施）：

3. 检测齿轮公法线长度偏差，并填写测量记录卡（表3—2—4）。

表3—2—4　齿轮公法线长度偏差测量记录卡

<table>
<tr><td rowspan="7">被测齿数参数及有关尺寸</td><td>模数 m</td><td colspan="2">齿数 z</td><td colspan="2">齿形角 α</td><td colspan="2">齿轮精度等级</td></tr>
<tr><td></td><td colspan="2"></td><td colspan="2"></td><td colspan="2"></td></tr>
<tr><td colspan="7">跨齿数 $k=\frac{z}{9}+\frac{1}{2}=$</td></tr>
<tr><td colspan="7">公法线公称长度 $W=m\,[1.476\,(2k-1)\,+0.014z]\,=$</td></tr>
<tr><td colspan="7">齿厚上偏差＝
齿厚下偏差 $E_{sni}=$</td></tr>
<tr><td colspan="7">公法线平均长度的上偏差 $E_{bns}=E_{sns}\cdot\cos\alpha-0.72F_r\cdot\sin\alpha=$
公法线平均长度的下偏差 $E_{bni}=E_{sni}\cdot\cos\alpha+0.72F_r\cdot\sin\alpha=$</td></tr>
<tr><td colspan="7"></td></tr>
<tr><td rowspan="2">测量记录</td><td>序号（均匀测量）</td><td>1</td><td>2</td><td>3</td><td>4</td><td>5</td><td>平均值</td></tr>
<tr><td>公法线长度（mm）</td><td></td><td></td><td></td><td></td><td></td><td></td></tr>
<tr><td rowspan="2">测量结果</td><td colspan="7">公法线平均长度＝　　　　（mm）</td></tr>
<tr><td colspan="7">公法线长度偏差 $E_w=\overline{W}-W=$　　　　（mm）</td></tr>
<tr><td>结论</td><td colspan="7"></td></tr>
<tr><td colspan="2">加工后是否可用</td><td colspan="6"></td></tr>
</table>

分析（误差产生原因，改进措施）：

4．检测齿轮径向跳动误差，并填写测量记录卡（表 3－2－5）。

表 3－2－5　齿轮径向跳动测量记录卡

<table>
<tr><td rowspan="2">齿轮参数</td><td>模数 m</td><td>齿数 z</td><td>齿形角 α</td><td>齿轮精度等级</td><td>齿轮径向跳动公差 F_r（μm）</td></tr>
<tr><td></td><td></td><td></td><td></td><td></td></tr>
<tr><td rowspan="9">测量记录</td><td>1</td><td colspan="2"></td><td>10</td><td></td></tr>
<tr><td>2</td><td colspan="2"></td><td>11</td><td></td></tr>
<tr><td>3</td><td colspan="2"></td><td>12</td><td></td></tr>
<tr><td>4</td><td colspan="2"></td><td>13</td><td></td></tr>
<tr><td>5</td><td colspan="2"></td><td>14</td><td></td></tr>
<tr><td>6</td><td colspan="2"></td><td>15</td><td></td></tr>
<tr><td>7</td><td colspan="2"></td><td>16</td><td></td></tr>
<tr><td>8</td><td colspan="2"></td><td>17</td><td></td></tr>
<tr><td>9</td><td colspan="2"></td><td>18</td><td></td></tr>
<tr><td>测量结果</td><td colspan="2">齿轮径向跳动误差</td><td colspan="3">$F_r'=$　　　　　　　　（μm）</td></tr>
<tr><td colspan="3">加工后是否可用</td><td colspan="3"></td></tr>
</table>

分析（误差产生原因，改进措施）：

三、完成报告，分析结果

撰写零件检测报告（表3—2—6），综合结论分析。

表3—2—6 零件检测报告

零件名称		型号规格	数量	抽检比例	抽检数量
序号	检测项目	技术要求		实测合格	检测员
1	外观质量	产品不得有损伤、变形和锈蚀等			
2	表面粗糙度	符合图样要求			
3	几何尺寸	符合图样要求			
4	端面圆跳动	符合图样要求			
5	齿厚偏差	符合图样要求			
6	公法线长度偏差	符合图样要求			
7	齿轮径向跳动	符合图样要求			
8	齿厚对称度	符合图样要求			
齿轮检测结论					
产生不合格品的情况分析（零件返修后是否可用）：					
检测结论					
		检测员		日期	

四、检测完毕，整理现场

1. 工具与量仪的维护保养

（1）内径千分尺使用结束后，应如何进行维护保养和存放？

1）维护保养过程：

2）存放：

（2）公法线千分尺使用结束后，应如何进行维护保养和存放？

1）维护保养过程：

2）存放：

（3）齿轮跳动检测仪使用结束后，应如何进行维护保养和存放？

1）维护保养过程：

2）存放：

（4）齿厚游标卡尺使用结束后，应如何进行维护保养和存放？

1）维护保养过程：

2）存放：

2. 检测合格的齿轮零件应如何放置？不合格品又应如何处理？

(1) 合格品的放置：

(2) 不合格品的处理：

评价与分析

学习活动 2 评价表

班级：________　　学生姓名：________　　学号：________

项目	自我评价（分）			小组评价（分）			教师评价（分）		
	10～9	8～6	5～1	10～9	8～6	5～1	10～9	8～6	5～1
	占总评 10%			占总评 30%			占总评 60%		
检测过程规范性									
检测报告									
整理现场									
回答问题									
学习主动性									
协作精神									
工作态度									
纪律观念									

续表

项目	自我评价（分）			小组评价（分）			教师评价（分）		
	10～9	8～6	5～1	10～9	8～6	5～1	10～9	8～6	5～1
	占总评 10%			占总评 30%			占总评 60%		
表达能力									
工作页质量									
小计									
总评									

任课教师：________　　年　　月　　日

学习活动 3　展示、评价与总结

学习目标

1. 能按分组情况，分别派代表展示工作成果，说明本次任务的完成情况，并作分析总结。

2. 能结合自身任务完成情况，正确规范地撰写工作总结，内容翔实。

3. 能就本次任务中出现的问题提出改进措施。

4. 了解三坐标投影仪的使用场合、结构和测量原理。

建议学时

4 学时

一、展示评价（个人、小组评价）

把个人的检测报告先进行分组展示，再由小组推荐代表作必要的介绍。在展示的过程中，以小组为单位进行评价：评价完成后，根据其他组成员对本组展示成果的评价意见进行归纳总结。完成如下项目。

1．展示的检测报告真实可靠、完整准确吗？

很好□　　　　一般□　　　　不准确□

2．本小组介绍成果表达是否清晰？

很好□　　　　一般，常补充□　　　　不清晰□

3．本小组演示的齿轮检测方法操作正确吗？

正确□　　　　部分正确□　　　　不正确□

4．本小组演示操作时遵循了“7S”的工作要求吗？

符合工作要求□　　忽略了部分要求□　　完全没有遵循□

5．本小组的检测量具、量仪保养完好吗？

良好□　　　　一般□　　　　不符合要求□

6．本小组的成员团队创新精神如何？

良好□　　　　一般□　　　　不足□

二、教师评价

教师对展示的检测报告分别作评价。

1．找出各组的优点进行点评。

2．对展示过程中各组的缺点进行点评，提出改进方法。

3．对整个任务完成中出现的亮点和不足进行点评。

三、总结提升

1．你使用过的游标卡尺有哪些，其规格、精度如何？在应用方面有哪些不同？除此之外，常用的游标卡尺有哪些？

2．你使用过的千分尺有哪些？其规格、精度如何？在应用方面又有哪些不同？

3. 在检测过程中你遇到了哪些问题？是什么原因导致的？你的改进措施是什么？

4. 结合自身完成任务情况，通过交流讨论等方式，较全面规范的撰写本次任务的工作总结。

工作总结（心得体会）

____

____

____

____

____

____

____

5. 本次齿轮检测任务中，采用的是公法线千分尺、齿厚游标卡尺、偏摆仪、千分表等常规量仪、量具来检测得出结果，其效率低、难以满足大批量齿轮检测的需要。在生产企业中，为了提高检测效率，对于高精度的齿轮检测一般采用投影仪等检测仪器，如图3－3－1所示。试通过网络查询或者查阅相关手册等方式，明确投影仪的使用场合、总体结构、测量原理、主要技术规格与精度。

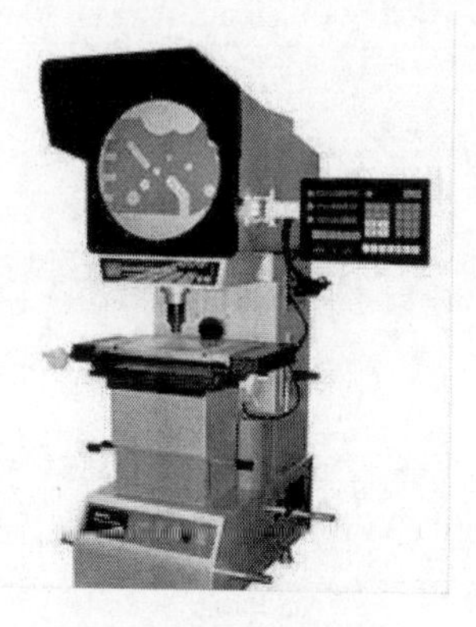

图3－3－1　投影仪

（1）投影仪的使用场合：

（2）投影仪的总体结构

（3）投影仪的测量原理：

（4）投影仪的主要技术规格与精度：

评价与分析

学习活动3评价表

班级：________　　学生姓名：________　　学号：________

项目	自我评价（分）			小组评价（分）			教师评价（分）		
	10～9	8～6	5～1	10～9	8～6	5～1	10～9	8～6	5～1
	占总评10%			占总评30%			占总评60%		
学习活动1									
学习活动2									
学习活动3									
表达能力									
协作精神									

续表

项目	自我评价（分）			小组评价（分）			教师评价（分）		
	10～9	8～6	5～1	10～9	8～6	5～1	10～9	8～6	5～1
	占总评 10%			占总评 30%			占总评 60%		
纪律观念									
工作态度									
分析能力									
操作规范性									
任务总体表现									
小计									
总评									

任课教师：________　　　年　　月　　日

学习任务四　摇盘的检测

学习目标

1. 能通过阅读检测任务单，明确检测任务（如检测数量、完成时间等要求）。

2. 能识读盘类零件图样，明确盘类零件的结构特点、各尺寸精度要求等。

3. 能根据检测要素及其要求，选择测量方法及量具，制定合理的检测方案。

4. 能通过查阅相关技术文件，明确本次任务涉及量具的使用方法和保养措施。

5. 能规范使用量具、量仪与辅具对盘类零件进行检测，并正确读数、准确记录测量结果。

6. 了解影像仪的使用场合。

7. 能对摇盘检测结果进行必要的分析，形成检测报告，并对不合格产品提出返修意见。

8. 能按检测室现场管理规定和产品工艺流程的要求，正确放置摇盘类零件以及检测用量具，量仪与辅具，并整理现场。

9. 能主动获取有效信息，展示工作成果，对学习和工作进行反思总结，并能与他人开展良好合作、进行有效的沟通。

建议学时

12 学时

工作情景描述

牡丹江富通空调机有限公司承接了一批空调机中的摇盘零件加工订单，数量100件，现已完成车削加工，需送检测组进行终检，要求检测组在1天内按照检测任务单和图样要求完成轴的检测，并提交检测报告。

工作流程与活动

学习活动1. 分析任务要求，制定检测方案
学习活动2. 检测零件，出具检测报告
学习活动3. 展示、评价与总结

学习活动1　分析任务要求，制定检测方案

学习目标

1. 能通过阅读摇盘检测任务单，明确检测任务（如检测数量、完成时间等要求）。

2. 能识读摇盘零件图样，明确摇盘零件的结构特点、各尺寸精度要求、相关几何公差的含义。

3. 能通过查阅相关技术文件，根据检测要求合理选择检测摇盘所需的量具、量仪与辅具，并能描述所选量具、量仪的规格、精度等级等内容。

4. 能根据检测要求制定合理的检测方案。

建议学时

4学时

学习过程

领取摇盘的检测任务单、零件图样，明确本次检测任务的内容，制定检测方案。

一、阅读检测任务单

阅读检测任务单（表4—1—1）并完成下列问题。

1. 本次检测任务需要检测产品名称：______，材料：______。

表4—1—1

单位名称		企业名称			完成时间	2014年X月X日	
序号	产品名称	材质	来件数量	检测数量	技术标准、质量要求		
1	摇盘	Zl101	20件	10件	按图样要求		
2							
3							
检测批准时间				批准人			
通知任务时间				发单人			
接单时间				接单人		生产班组	检测组

2. 本次摇盘检测任务的工作周期为多少天？你计划如何分配任务来完成摇盘零件的检测？

3. 结合摇盘的作用和使用场合，分小组讨论摇盘检测时应重点检测哪些项目？

二、分析零件图

仔细分析零件图（图 4－1－1），完成下列要求。

摇盘零件的立体图

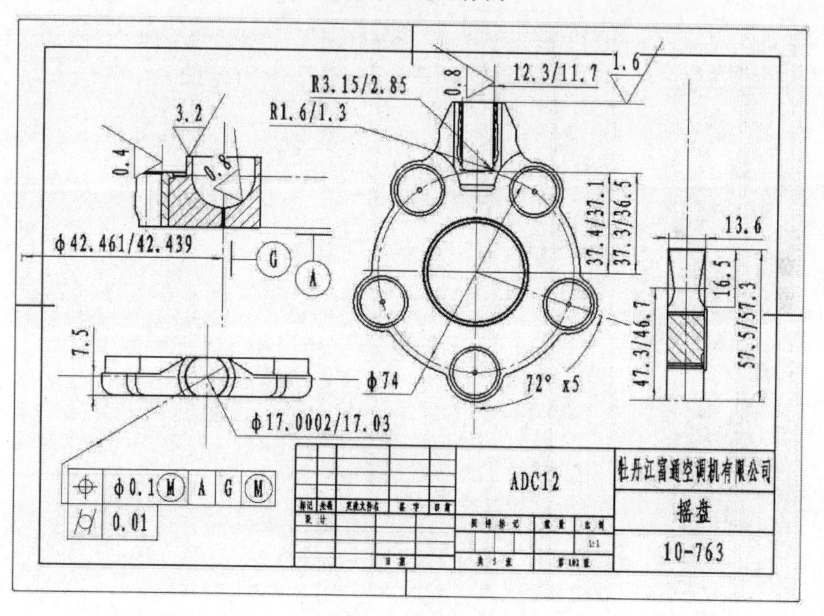

图 4－1－1　零件图

1．识读图 4－1－1 并简述该摇盘零件由哪些几何要素组成？

2．识读图 4－1－1，通过查阅公差与配合等相关资料，确定摇盘零件标注尺寸的公差数值和尺寸范围，并记录在表 4－1－2 中。

表 4—1—2　摇盘零件的尺寸要求

序号	标注尺寸	公差数值	尺寸范围
1			
2			
3			
4			
5			
6			
7			
8			
9			

3. 识读图 4—1—1，将摇盘零件各几何公差的含义填写在表 4—1—3中。

表 4—1—3　摇盘零件各几何公差的含义

序号	几何公差	几何公差含义
1	⌖ | φ0.1Ⓜ | A | GⓂ	
2	⌭ | 0.01	

4. 在表 4—1—4 中写出摇盘零件图中各表面粗糙度的含义。

表 4—1—4　摇盘零件图中各表面粗糙度的含义

序号	表面粗糙度	表面粗糙度含义
1	0.4 √	
2	0.8 √	
3	1.6 √	
4	3.2 √	

三、根据检测要求，选择检具

1. 仔细观察以下常用检具，通过网络查询或者查阅相关的手册等方式，说明这些常用检具的用途。

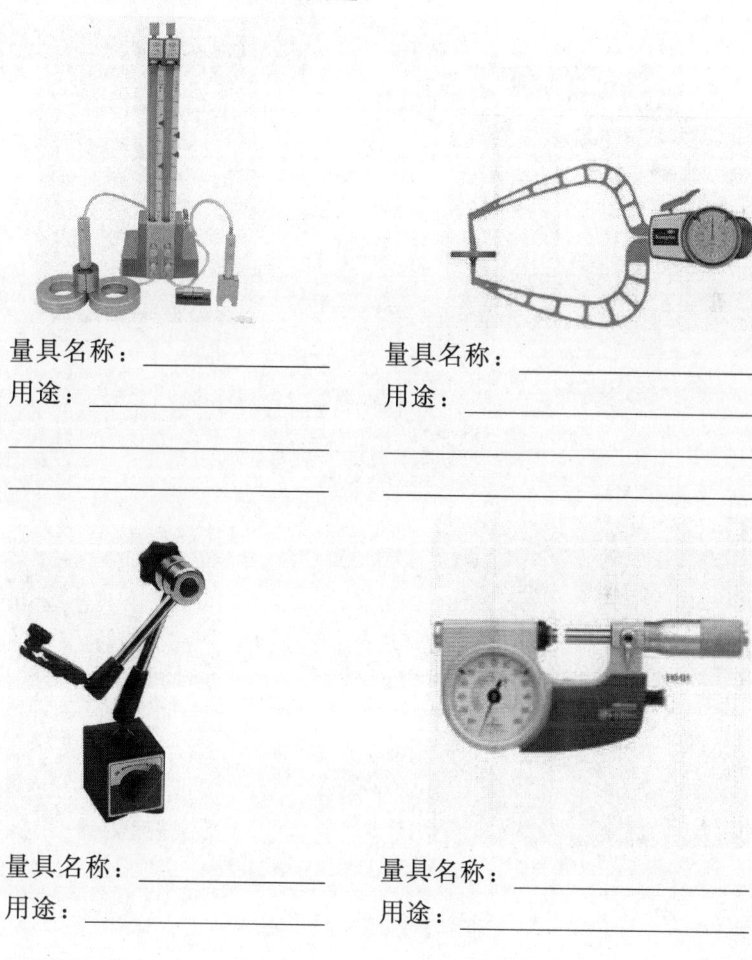

量具名称：________________

用途：________________

____

____

量具名称：________________

用途：________________

____

____

量具名称：________________

用途：________________

____

____

量具名称：________________

用途：________________

____

____

量具名称：______________
用途：________________
____
____

量具名称：______________
用途：________________
____
____

量具名称：______________
用途：________________
____
____

量具名称：______________
用途：________________
____
____

2. 检测摇盘的平行度误差需准备哪些检具？画出平行度公差的检测示意图，并说明具体的检测方法和步骤。

（1）所需检具：

（2）检测示意图：

（3）被测要素和基准的特征：

（4）检测方法和步骤：

3．检测摇盘的垂直度误差需准备哪些检具？画出垂直度公差的检测示意图，并说明具体的检测方法和步骤。

（1）所需检具：

（2）检测示意图：

（3）被测要素和基准的特征：

（4）检测方法和步骤：

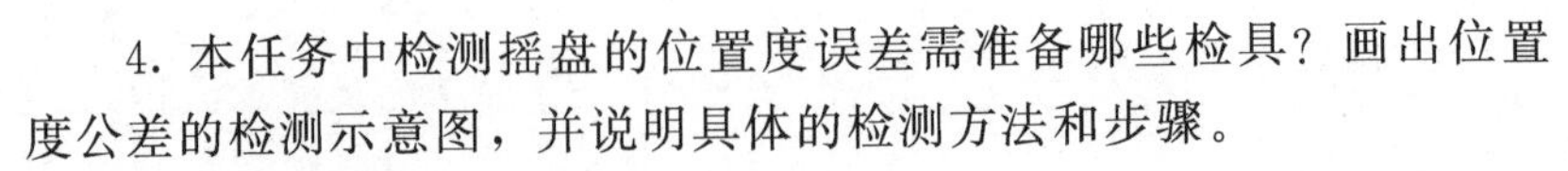

4. 本任务中检测摇盘的位置度误差需准备哪些检具？画出位置度公差的检测示意图，并说明具体的检测方法和步骤。

（1）所需检具：

（2）检测示意图：

（3）被测要素和基准的特征：

（4）检测方法和步骤：

5. 本任务中检测摇盘的同轴度误差需准备哪些检具？画出同轴度公差的检测示意图，并说明具体的检测方法和步骤。

（1）所需检具：

（2）检测示意图：

（3）被测要素和基准的特征：

（4）检测方法和步骤：

6. 通过小组讨论，根据被检测摇盘图样的检测项目确定本任务需要用到的量具，并将其规格、精度等级填写在表 4－1－5 中。

表 4－1－5　摇盘检测所需量具

检测项目	量具（仪器）	规格	精度等级

四、制定检测方案

制定检测方案，完成表 4－1－6。

表 4—1—6　摇盘零件检测方案

<table>
<tr><td colspan="2" rowspan="2">工序</td><td colspan="2" rowspan="2">检测卡片</td><td>产品型号</td><td></td><td>零件图号</td><td></td></tr>
<tr><td>产品名称</td><td></td><td>零件名称</td><td></td></tr>
<tr><td>工序号</td><td>工序名称</td><td>车间</td><td rowspan="2">检测项目</td><td rowspan="2">技术要求</td><td rowspan="2">检测手段</td><td rowspan="2">检测方案</td><td rowspan="2">检测操作要求</td></tr>
<tr><td></td><td></td><td></td></tr>
<tr><td colspan="3" rowspan="6">12.3/11.7
R3.15/2.85
R1.6/1.3
37.4/37.1
37.3/36.5
13.6
ϕ42.461/42.439
G
A
16.5
57.5/57.3
47.3/46.7
7.5
ϕ74
72°×5
ϕ17.0002/17.03
⌖ ϕ0.1Ⓜ A GⓂ
⌭ 0.01</td><td></td><td></td><td></td><td></td><td></td></tr>
<tr><td></td><td></td><td></td><td></td><td></td></tr>
<tr><td></td><td></td><td></td><td></td><td></td></tr>
<tr><td></td><td></td><td></td><td></td><td></td></tr>
<tr><td></td><td></td><td></td><td></td><td></td></tr>
<tr><td></td><td></td><td></td><td></td><td></td></tr>
</table>

<table>
<tr><td></td><td></td><td></td><td></td><td></td><td>编制（日期）</td><td>审核（日期）</td><td>会签（日期）</td><td>批准（日期）</td></tr>
<tr><td></td><td></td><td></td><td></td><td></td><td rowspan="2"></td><td rowspan="2"></td><td rowspan="2"></td><td rowspan="2"></td></tr>
<tr><td>标记</td><td>处数</td><td>更改文件号</td><td>签字</td><td>日期</td></tr>
</table>

评价与分析

学习活动 1 评价表

班级：________　　学生姓名：________　　学号：________

项目	自我评价（分）			小组评价（分）			教师评价（分）		
	10～9	8～6	5～1	10～9	8～6	5～1	10～9	8～6	5～1
	占总评 10%			占总评 30%			占总评 60%		
图样分析									
搜集信息									
量具选择									
检测方案确定									
学习主动性									
协作精神									
工作态度									
纪律观念									
表达能力									
工作页质量									
小计									
总评									

任课教师：________　　年　　月　　日

学习活动2　检测零件，出具检测报告

学习目标

1. 能正确熟练使用量具对摇盘的主要尺寸和表面粗糙度教学检测，并准确记录测量结果。

2. 能规范使用量具对摇盘零件的几何公差进行检测。

3. 能规范填写轴测量记录卡，并对摇盘测量记录卡进行综合分析，形成摇盘检测报告。

4. 能对不合格产品产生原因进行简单分析，并对不合格产品提出处置建议。

5. 能按检测室现场管理规定和产品工艺流程的要求，正确放置盘类零件、检测用量具等。

建议学时

6 学时

学习过程

一、准备量具及辅具

1. 填写量具及辅具清单（表 4—2—1）并领取所需量具及辅具。

表 4—2—1　量具及辅具清单

序号	量具及辅具名称	规格	精度	数量	量具是否完好
1					
2					
3					
4					
5					
6					
7					
8					
9					
10					
11					
12					

2. 当测量工件没透空时，可以使用表面观影像仪测量。它是一种精密测量二维尺寸的仪器。仔细观察图 4—2—1，写出影像仪的使用方法和使用注意事项。

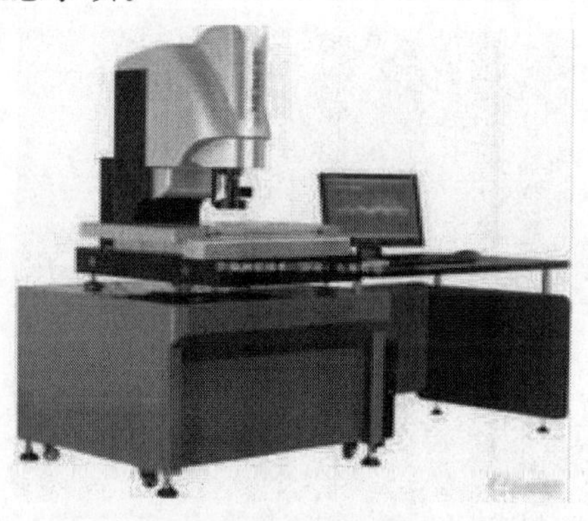

图 4—2—1　影像仪检测精密尺寸

二、检测摇盘零件，填写测量记录卡

对摇盘零件进行检测，填写测量记录卡（表 4—2—2）。

表 4—2—2　摇盘测量记录卡

序号	检测内容		第一次	第二次	第三次	平均值	结论
1							
2							
3							
4							
5							
6							
7							
8							
9							
10							
11							

三、完成报告，分析结果

填写零件检测报告（表4－2－3），综合结论分析。

表4－2－3　零件检测报告

零件名称		型号规格	数量	抽检比例	抽检数量
序号	检测项目	技术要求		实测合格	检测员
1	外观质量	产品不得有损伤、变形和锈蚀			
2	表面粗糙度	符合图样要求			
3	几何尺寸	符合图样要求			
4	垂直度				
5	位置度				
6	同轴度				
轴检测结论					

产生不合格品的情况分析（零件返修后是否可用）：

检测结论

检测员　　　　　　　　日期

注：实测合格以“√”表示。

四、检测完毕，整理现场

1．工具与量仪的维护保养

（1）影像仪使用结束后，应如何进行维护保养和存放？

1）维护保养过程：

2）存放：

（2）什么是CCD数位影像技术？

（3）卡规使用结束后，应如何进行维护保养和存放？

1）维护保养过程：

2）存放：

（4）气动量仪使用结束后，应如何进行维护保养和存放？

1）维护保养过程：

2）存放：

（5）磁性表座使用结束后，应如何进行维护保养和存放？

1）维护保养过程：

2）存放：

（6）高度千分尺使用结束后，应如何进行维护保养和存放？

1）维护保养过程：

2）存放：

（7）塞规使用结束后，应如何进行维护保养和存放？

1）维护保养过程：

2）存放：

（8）电子卡钳使用结束后，应如何进行维护保养和存放？

1）维护保养过程：

2）存放：

2. 经检验合格的摇盘零件应如何放置？不合格又应如何处理？

（1）合格品的放置：

（2）不合格品的处理：

3. 检测完成后，你有没有按照规定整理工作现场？存在的不足是如何改进的？

评价与分析

学习活动 2 评价表

班级：________　　学生姓名：________　　学号：________

项目	自我评价（分）			小组评价（分）			教师评价（分）		
	10～9	8～6	5～1	10～9	8～6	5～1	10～9	8～6	5～1
	占总评 10%			占总评 30%			占总评 60%		
检测过程规范性									
检测报告									
整理现场									
回答问题									
学习主动性									
协作精神									
工作态度									
纪律观念									
表达能力									
工作页质量									
小计									
总评									

任课教师：________　　年　　月　　日

学习活动3　展示、评价与总结

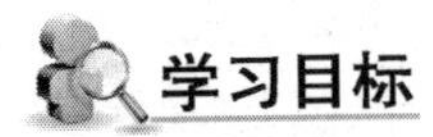

学习目标

1. 能按分组情况，分别派代表展示工作成果，说明本次任务的完成情况，并作分析总结。

2. 能结合自身任务完成情况，正确规范地撰写工作总结，内容翔实。

3. 能就本次任务中出现的问题提出改进措施。

4. 了解影像仪的使用场合、结构和测量原理。

建议学时

4学时

学习过程

一、展示评价（个人、小组评价）

把个人的检测报告先进行分组展示，再由小组推荐代表作必要的介绍。在展示的过程中，以小组为单位进行评价：评价完成后，根据其他组成员对本组展示成果的评价意见进行归纳总结。完成如下项目：

1. 展示的检测报告真实可靠、完整准确吗？

很好□　　　　一般□　　　　不准确□

2. 本小组介绍成果表达是否清晰？

很好□　　　　一般，常补充□　　　　不清晰□

3. 本小组演示的摇盘检测方法操作正确吗？

正确□　　　　部分正确□　　　　不正确□

4. 本小组演示操作时遵循了"7S"的工作要求吗？

符合工作要求□　忽略了部分要求□　完全没有遵循□

5. 本小组的检测量具、量仪保养完好吗？

良好□　　　　一般□　　　　不符合要求□

6. 本小组的成员团队创新精神如何？

良好□　　　　一般□　　　　不足□

二、教师评价

教师对展示的检测报告分别作评价。

1. 找出各组的优点进行点评。
2. 对展示过程中各组的缺点进行点评，提出改进方法。
3. 对整个任务完成中出现的亮点和不足进行点评。

三、总结提升

1. 在检测过程中你遇到了哪些问题？是什么原因导致的？你的改进措施是什么？

2. 结合自身完成任务情况，通过交流讨论等方式，较全面规范地撰写本次任务的工作总结。

工作总结（心得体会）

____

____

____

____

____

____

3．在本次摇盘检测任务中涉及的许多几何形状、组成要素高精度二维尺寸，普通卡尺、千分尺无法测量的位置可用影像仪进行检测。

影像仪广泛应用在机械、电子、航空航天、模具、弹簧、齿轮、接线端子、电路板接点、五金塑胶、磁性材料、电子线路、元件、手表、小五金冲压业、矿石业及其它精密小五金行业。

（1）影像仪的使用场合：

（2）影像仪的总体结构：

（3）影像仪测量原理：

（4）影像仪主要技术规格与精度：

评价与分析

学习活动 3 评价表

班级：________　　学生姓名：________　　学号：________

项目	自我评价（分）			小组评价（分）			教师评价（分）		
	10～9	8～6	5～1	10～9	8～6	5～1	10～9	8～6	5～1
	占总评 10%			占总评 30%			占总评 60%		
学习活动 1									
学习活动 2									
学习活动 3									
表达能力									
协作精神									
纪律观念									
工作态度									
分析能力									
操作规范性									
任务总体表现									
小计									
总评									

任课教师：________　　年　　月　　日

学习任务五　缸体的检测

学习目标

1. 能通过阅读检测任务单，明确检测任务（如检测数量、完成时间等要求）。

2. 能识读缸体类零件图样，明确缸体类零件的结构特点、各尺寸精度要求等。

3. 能根据检测要素及其要求，选择测量方法及量具，制定合理的检测方案。

4. 能通过查阅相关技术文件，明确本次任务涉及量具的使用方法和保养措施。

5. 能规范使用量具、量仪与辅具对盘类零件进行检测，并正确读数、准确记录测量结果

6. 了解万能测长仪的使用场合。

7. 能对缸体检测结果进行必要的分析，形成检测报告，并对不合格产品提出返修意见。

8. 能主动获取有效信息，展示工作成果，对学习和工作进行反思总结，并能与他人开展良好合作、进行有效的沟通。

12 学时

工作情景描述

牡丹江富通空调机有限公司承接了一批空调机中的缸体零件加工订单，数量 200 件，现已完成数控车削、加工中心的加工，需送检测组进行终检，要求检测组在 2 天内按照检测任务单和图样要求完成轴的检测，并提交检测报告。

工作流程与活动

学习活动 1. 分析任务要求，制定检测方案
学习活动 2. 检测零件，出具检测报告
学习活动 3. 展示、评价与总结

学习活动 1　分析任务要求，制定检测方案

学习目标

1. 能通过阅读缸体检测任务单，明确检测任务（如检测数量、完成时间等要求）。

2. 能识读缸体零件图样，明确缸体零件的结构特点、各尺寸精度要求、相关几何公差的含义。

3. 能通过查阅相关技术文件，根据检测要求合理选择检测缸体所需的量具、量仪与辅具，并能描述所选量具、量仪的规格、精度等级等内容。

4. 能根据检测要求制定合理的检测方案。

建议学时

4 学时

学习过程

领取缸体的检测任务单、零件图样，明确本次检测任务的内容，制定检测方案。

一、阅读检测任务单

阅读检测任务单（表5—1—1），完成下列问题。

表5—1—1　检测任务单

单位名称		企业名称			完成时间	2014年×月×日	
序号	产品名称	材质	来件数量	检测数量	技术标准、质量要求		
1	摇盘	ADC12	50件	20件	按图样要求		
2							
3							
检测批准时间				批准人			
通知任务时间				发单人			
接单时间				接单人		生产班组	检测组

1. 本次检测任务需要检测的产品的名称是什么？材料是什么？数量是多少？

2. 本次缸体检测任务的工作周期为多少天？你计划如何分配任务来完成缸体零件的检测？

3. 结合缸体的作用和使用场合，分小组讨论缸体检测时应重点检测哪些项目？

二、分析零件图

分析图 5—1—1 并完成下列问题。

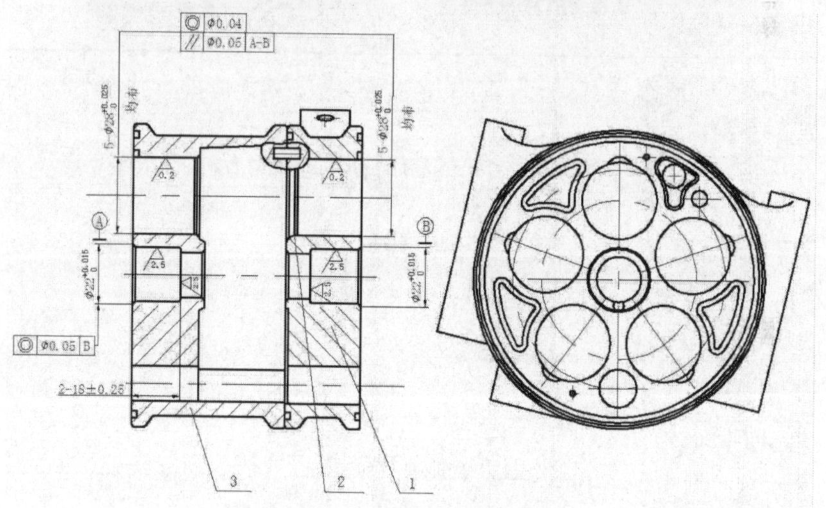

图 5—1—1　缸体零件图

1. 识读图 5—1—1 并简述该缸体零件由哪些几何要素组成。

2. 识读图 5—1—1，通过查阅公差等相关资料，确定缸体零件标注尺寸的公差数值和尺寸范围，并记录在表 5—1—2 中。

表 5—1—2　缸体零件的尺寸要求

序号	标注尺寸	公差数值	尺寸范围
1			
2			
3			
4			
5			

3. 识读图 5—1—1，将缸体零件各几何公差的含义填写在表 5—1—3中。

表 5—1—3　缸体零件各几何公差的含义

序号	几何公差	几何公差含义
1		
2		
3		
4		

4. 在表 5—1—4 中写出缸体零件图中各表面粗糙度的含义。

表 5—1—4　缸体零件图中各表面粗糙度的含义

序号	表面粗糙度	表面粗糙度含义
1		
2		
3		

三、根据检测要求，选择检具

1. 仔细观察以下常用检具，通过网络查询或者查阅相关的手册等方式，说明这些常用检具的用途。

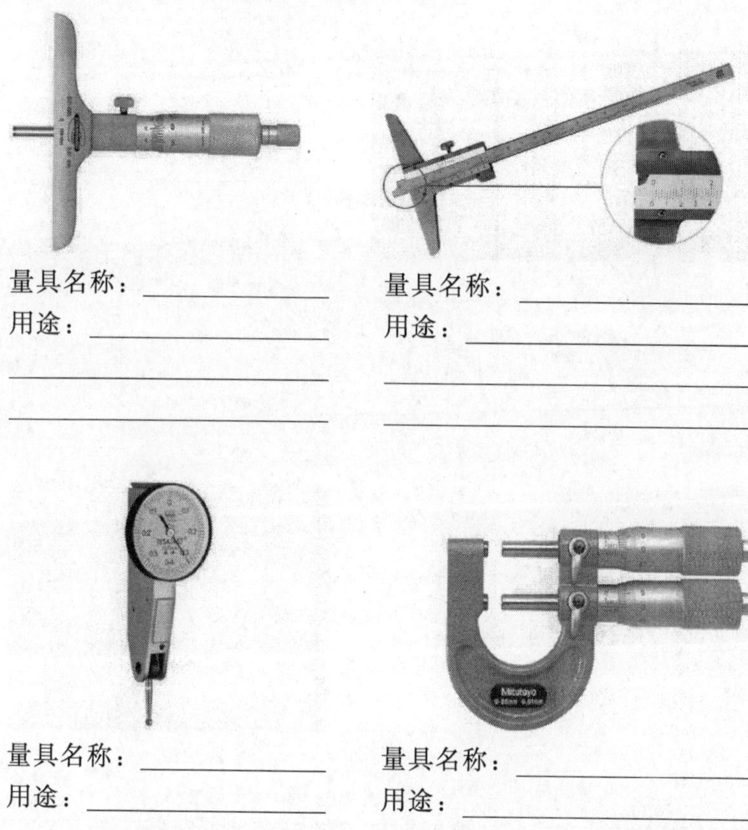

量具名称：________　　量具名称：________

用途：________　　用途：________

________　　________

________　　________

量具名称：________　　量具名称：________

用途：________　　用途：________

________　　________

________　　________

量具名称：________ 量具名称：________

用途：________ 用途：________

________ ________

________ ________

2. 检测缸体的平行度误差需准备哪些检具？画出平行度公差的检测示意图，并说明具体的检测方法和步骤。

（1）所需检具：

（2）检测示意图：

（3）被测要素和基准的特征：

（4）检测方法和步骤：

3. 本任务中检测缸体的同轴度误差需准备哪些检具？画出同轴度公差的检测示意图，并说明具体的检测方法和步骤。

（1）所需检具：

（2）检测示意图：

（3）被测要素和基准的特征：

（4）检测方法和步骤：

4. 对这种两个零件装配后，再进行检测的零件应注意哪些问题？

5. 通过小组讨论，根据被检测缸体图样的检测项目确定本任务需要用到的量具，并将其规格、精度等级填写在表 5－1－5 中。

表 5－1－5　缸体检测所需量具

检测项目	量具（仪器）	规格	精度等级

四、制定检测方案

完成表 5－1－6 关于缸体零件的检测方案。

表 5—1—6 缸体零件检测方案

工序		检测卡片			产品型号		零件图号	
					产品名称		零件名称	
工序号	工序名称	车间		检测项目	技术要求	检测手段	检测方案	检测操作要求
Ø0.04 Ø0.05 A-B Ø0.05 B 2-18±0.25 0.2 2.5 1 2 3								
标记	处数	更改文件号	签字	日期	编制(日期)	审核(日期)	会签(日期)	批准(日期)

评价与分析

学习活动 1 评价表

班级：________　　学生姓名：________　　学号：________

项目	自我评价（分）			小组评价（分）			教师评价（分）		
	10～9	8～6	5～1	10～9	8～6	5～1	10～9	8～6	5～1
	占总评 10%			占总评 30%			占总评 60%		
图样分析									
搜集信息									
量具选择									
检测方案确定									
学习主动性									
协作精神									
工作态度									
纪律观念									
表达能力									
工作页质量									
小计									
总评									

任课教师：________　　年　　月　　日

学习活动 2　检测零件，出具检测报告

学习目标

1. 能正确熟练使用量具对斜盘的主要尺寸和表面粗糙度教学检测，并准确记录测量结果。

2. 能规范使用量具对斜盘零件的几何公差进行检测。

3. 能规范填写轴测量记录卡，并对缺体测量记录卡进行综合分析，形成缸体检测报告。

4. 能对不合格产品产生原因进行简单分析，并对不合格产品提出处置建议。

5. 能按检测室现场管理规定和产品工艺流程的要求，正确放置轴类零件、检测用量具等。

建议学时

6 学时

学习过程

一、准备量具及辅具

1. 填写量具及辅具清单（表 5—2—1）并领取所需量具及辅具。

表 5—2—1　量具及辅具清单

序号	量具及辅具名称	规格	精度	数量	量具是否完好
1					
2					

续表

序号	量具及辅具名称	规格	精度	数量	量具是否完好
3					
4					
5					
6					
7					
8					
9					
10					
11					
12					

2. 万能测长仪如图 5－2－1 所示，是一种带有长度基准，且测量范围较小（通常为 100μm）的长度计量仪器，用于绝对测量和相对测量的长度计量仪器。主要测量对象包括：光滑圆柱形零件，如轴、孔、赛规、环规等；内螺纹、外螺纹的中径，外螺纹塞规、螺纹环规等；带平行平面的零件，如卡规、量棒、较低等级的量块等。

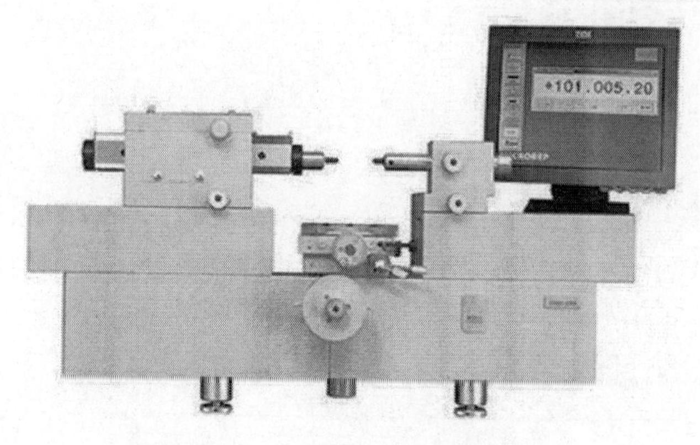

图 5－2－1　万能测长仪检测精密尺寸

二、检测缸体零件，填写测量记录卡

进行缸体零件检测，完成记录卡（表 5—2—2）。

表 5—2—2　缸体测量记录卡

序号	检测内容		第一次	第二次	第三次	平均值	结论
1							
2							
3							
4							
5							
6							
7							
8							
9							
10							

三、完成报告，分析结果。

填写零件检测报告（表 5—2—3），综合结论分析。

表 5—2—3　零件检测报告

零件名称		型号规格	数量	抽检比例	抽检数量
序号	检测项目	技术要求		实测合格	检测员
1	外观质量	产品不得有损伤、变形和锈蚀			
2	表面粗糙度	符合图样要求			
3	几何尺寸	符合图样要求			
4	平行度				
5	位置度				
6	同轴度				
轴检测结论					

产品不合格的情况分析（零件返修后是否可用）：

检测结论：

检测员：　　　日期：

注： 实测合格以"√"表示。

四、检测完毕，整理现场

1. 工具与量仪的维护保养。

(1) 万能测长仪使用结束后，应如何进行维护保养和存放？

1) 维护保养过程：

2) 存放：

(2) 什么是阿贝原则？

(3) 测长仪的工作原理？

1) 维护保养过程：

2) 存放：

(4) 气动量仪使用结束后，应如何进行维护保养和存放？

1) 维护保养过程：

2）存放：

（5）磁性表座使用结束后，应如何进行维护保养和存放？

1）维护保养过程：

2）存放：

（6）高度千分尺使用结束后，应如何进行维护保养和存放？

1）维护保养过程：

2）存放：

（7）塞规使用结束后，应如何进行维护保养和存放？

1）维护保养过程：

2）存放：

(8) 电子卡钳使用结束后，应如何进行维护保养和存放？

1) 维护保养过程：

2) 存放：

2. 经检验合格的缸体零件应如何放置？不合格又应如何处理的？

(1) 合格品的放置：

(2) 不合格品的处理：

3. 检测完成后，你有没有按照规定整理工作现场？存在的不足应如何改进的？

评价与分析

学习活动2评价表

班级：________　　学生姓名：________　　学号：________

<table>
<tr><th rowspan="3">项目</th><th colspan="3">自我评价（分）</th><th colspan="3">小组评价（分）</th><th colspan="3">教师评价（分）</th></tr>
<tr><th>10～9</th><th>8～6</th><th>5～1</th><th>10～9</th><th>8～6</th><th>5～1</th><th>10～9</th><th>8～6</th><th>5～1</th></tr>
<tr><th colspan="3">占总评10%</th><th colspan="3">占总评30%</th><th colspan="3">占总评60%</th></tr>
<tr><td>检测过程规范性</td><td></td><td></td><td></td><td></td><td></td><td></td><td></td><td></td><td></td></tr>
<tr><td>检测报告</td><td></td><td></td><td></td><td></td><td></td><td></td><td></td><td></td><td></td></tr>
<tr><td>整理现场</td><td></td><td></td><td></td><td></td><td></td><td></td><td></td><td></td><td></td></tr>
<tr><td>回答问题</td><td></td><td></td><td></td><td></td><td></td><td></td><td></td><td></td><td></td></tr>
<tr><td>学习主动性</td><td></td><td></td><td></td><td></td><td></td><td></td><td></td><td></td><td></td></tr>
<tr><td>协作精神</td><td></td><td></td><td></td><td></td><td></td><td></td><td></td><td></td><td></td></tr>
<tr><td>工作态度</td><td></td><td></td><td></td><td></td><td></td><td></td><td></td><td></td><td></td></tr>
<tr><td>纪律观念</td><td></td><td></td><td></td><td></td><td></td><td></td><td></td><td></td><td></td></tr>
<tr><td>表达能力</td><td></td><td></td><td></td><td></td><td></td><td></td><td></td><td></td><td></td></tr>
<tr><td>工作页质量</td><td></td><td></td><td></td><td></td><td></td><td></td><td></td><td></td><td></td></tr>
<tr><td>小计</td><td colspan="3"></td><td colspan="3"></td><td colspan="3"></td></tr>
<tr><td>总评</td><td colspan="9"></td></tr>
</table>

学习活动3　展示、评价与总结

学习目标

1. 能按分组情况，分别派代表展示工作成果，说明本次任务的完成情况，并作分析总结。

2. 能结合自身任务完成情况，正确规范地撰写工作总结，内容翔实。

3. 能就本次任务中出现的问题提出改进措施。

4. 了解万能测长仪的使用场合、结构和测量原理。

建议学时

4学时

学习过程

一、展示评价（个人、小组评价）

把个人的检测报告先进行分组展示，再由小组推荐代表作必要的介绍。在展示的过程中，以小组为单位进行评价：评价完成后，根据其他组成员对本组展示成果的评价意见进行归纳总结。完成如下项目：

1. 展示的检测报告真实可靠、完整准确吗？

很好□　　一般□　　不准确□

2. 本小组介绍成果表达是否清晰？

很好□　　一般，常补充□　　不清晰□

3. 本小组演示的缸体检测方法操作正确吗？

正确□　　部分正确□　　不正确□

4. 本小组演示操作时遵循了"7S"的工作要求吗？

符合工作要求□　　忽略了部分要求□　　完全没有遵循□

5. 本小组的检测量具、量仪保养完好吗？

良好□　　一般□　　不符合要求□

6. 本小组的成员团队创新精神如何？

良好□　　一般□　　不足□

二、教师评价

教师对展示的检测报告分别作评价。

1. 找出各组的优点进行点评。

2. 对展示过程中各组的缺点进行点评，提出改进方法。

3. 对整个任务完成中出现的亮点和不足进行点评。

三、总结提升

1. 在检测过程中你遇到了哪些问题？是什么原因导致的？你的改进措施是什么？

2. 结合自身完成任务情况，通过交流讨论等方式，较全面规范地撰写本次任务的工作总结。

工作总结（心得体会）

3. 在本次缸体检测任务中涉及的许多几何形状、组成要素高精度二维尺寸，普通卡尺、千分尺无法测量的位置可用万能测长仪进行检测。

万能测长仪广泛应用于机械制造业、工具、量具制造业及仪器仪表制造业等企业的计量室和各级专业计量鉴定部门。

（1）万能测长仪的使用场合：

（2）万能测长仪的总体结构：

（3）万能测长仪测量原理：

（4）万能测长仪主要技术规格与精度：

评价与分析

学习活动3评价表

班级：________　　学生姓名：________　　学号：________

项目	自我评价（分）			小组评价（分）			教师评价（分）		
	10～9	8～6	5～1	10～9	8～6	5～1	10～9	8～6	5～1
	占总评10%			占总评30%			占总评60%		
学习活动1									
学习活动2									
学习活动3									
表达能力									
协作精神									
纪律观念									
工作态度									
分析能力									
操作规范性									
任务总体表现									
小计									
总评									

任课教师：________　　年　　月　　日

学习任务六　信笺笔座的检测

学习目标

1. 能熟练识读检测任务单，明确检测任务。

2. 能通过查阅相关技术文件，明确硬铝的材料牌号和热处理方法。

3. 能通过查阅国家制图标准等相关资料，明确六个基本视图的配置和剖视图的绘制方法。

4. 能识读组合零件图样，明确组合零件的结构特点，各尺寸精度要求、相关几何公差的含义等。

5. 能根据检测要素及其要求，选择恰当测量方法及量具，并制定合理的检测方案

6. 能通过查阅相关技术文件，明确本次任务涉及量具的使用方法和保养措施。

7. 能规范使用量具、量仪与辅具对组合零件进行检测，并正确读数、准确记录测量结果。

8. 了解圆度仪的使用场合。

9. 能对信笺笔座检测结果进行必要的分析，形成检测报告，并对不合格产品提出返修意见。

10. 能按检测室现场管理规定和产品工艺流程的要求，正确放置组合零件以及检测用量具：量仪与辅具，并整理现场。

11. 能主动获取有效信息，展示工作成果，对学习和工作进行反思总结，并能与他人开展良好合作、进行有效的沟通。

28 学时

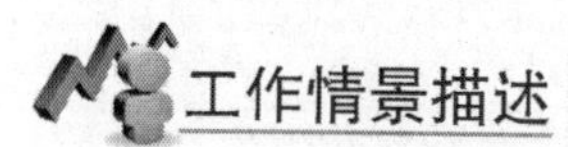

牡丹江富通空调机有限公司承接了一批空调机中的前、后缸体的零件加工订单，数量 200 件，现已完成车削加工，需送检测组进行终检，要求检测组在 3 天内按照检测任务单和图样要求完成轴的检测，并提交检测报告。

工作流程与活动

学习活动 1. 分析任务要求，制定检测方案
学习活动 2. 检测零件，出具检测报告
学习活动 3. 展示、评价与总结

学习活动 1　分析任务要求，制定检测方案

学习目标

1. 能熟练识读信笺笔座检测任务单，明确检测任务（如检测数量、完成时间等要求）。

2. 能通过查阅相关技术文件，明确硬铝的测量牌号和热处理方法。

3. 能通过查阅国家制图标准等相关资料，明确六个基本视图的配置和剖视图的绘制方法。

4. 能识读信笺笔座图样，明确信笺笔座的结构特点、各尺寸精度要求、相关几何公差的含义等。

5. 能通过查阅相关技术文件，根据检测要求合理选择检测斜盘所需的量具、量仪与辅具，并能描述所选量具、量仪的规格、精度等级等内容。

6. 能根据检测要求制定合理的检测方案。

建议学时

8 学时

学习过程

领取前、后缸体的检测任务单、零件图样，明确本次检测任务的内容，制定检测方案。

一、阅读检测任务单（表 6—1—1）

根据检测任务单，完成下列问题。

表 6—1—1　缸体检测任务单

单位名称		××企业			完成时间	2014 年×月×日	
序号	产品名称	材质	来件数量	检测数量	技术标准、质量要求		
1	轴	45＃	20 件	10 件	按图样要求		
2							
3							
检测批准时间				批准人			
通知任务时间				发单人			
接单时间				接单人		生产班组	检测组

1. 本次检测任务需要检测的产品名称：（　　　　　　），材质：（　　），数量：（　　　　）。

2. 信笺笔座一般用于什么场合，其用途是什么？

3. 用于制作信笺笔座的材料属于什么材料？它具有怎样的物理性能和力学性能？一般用于什么零件的选材？可用何种处理方式进行性能改善？

4. 你认为检测信笺笔座时，应重点检测哪些方面的尺寸？

5. 本次信笺笔座检测任务的工作周期为多少天？你计划如何分配任务来完成缸体的检测？

二、分析零件图

根据图 6－1－1 进行分析并完成下列问题。

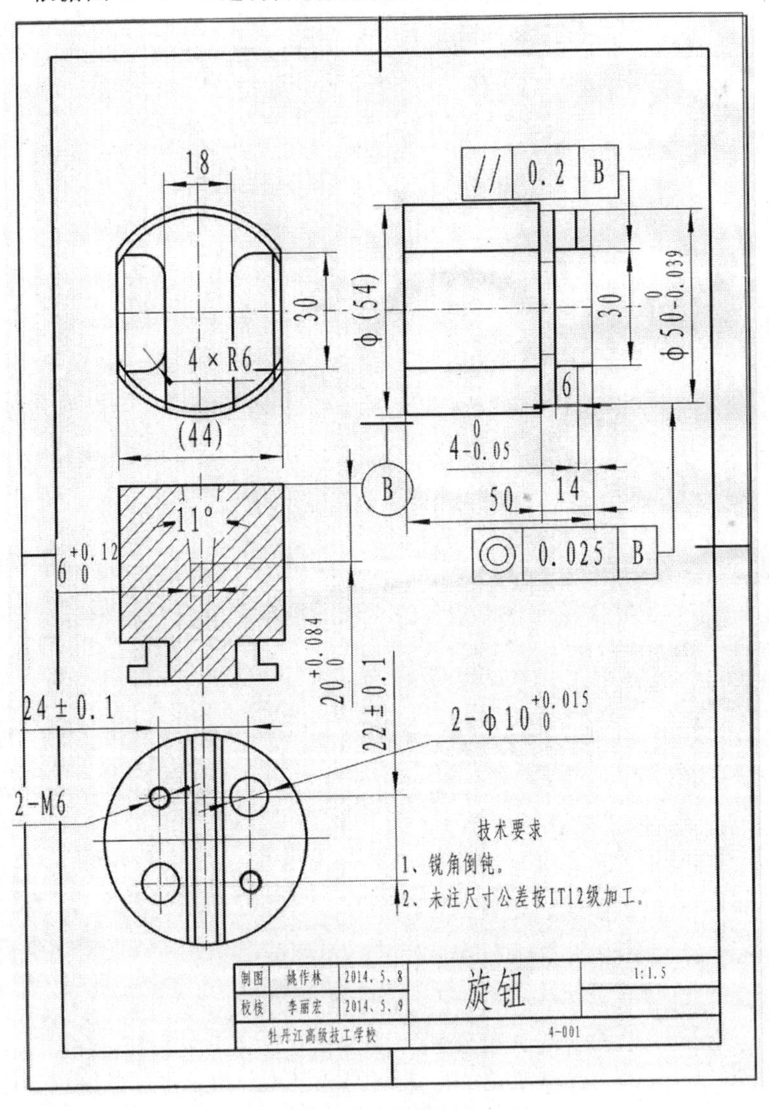

(a) 旋钮零件图

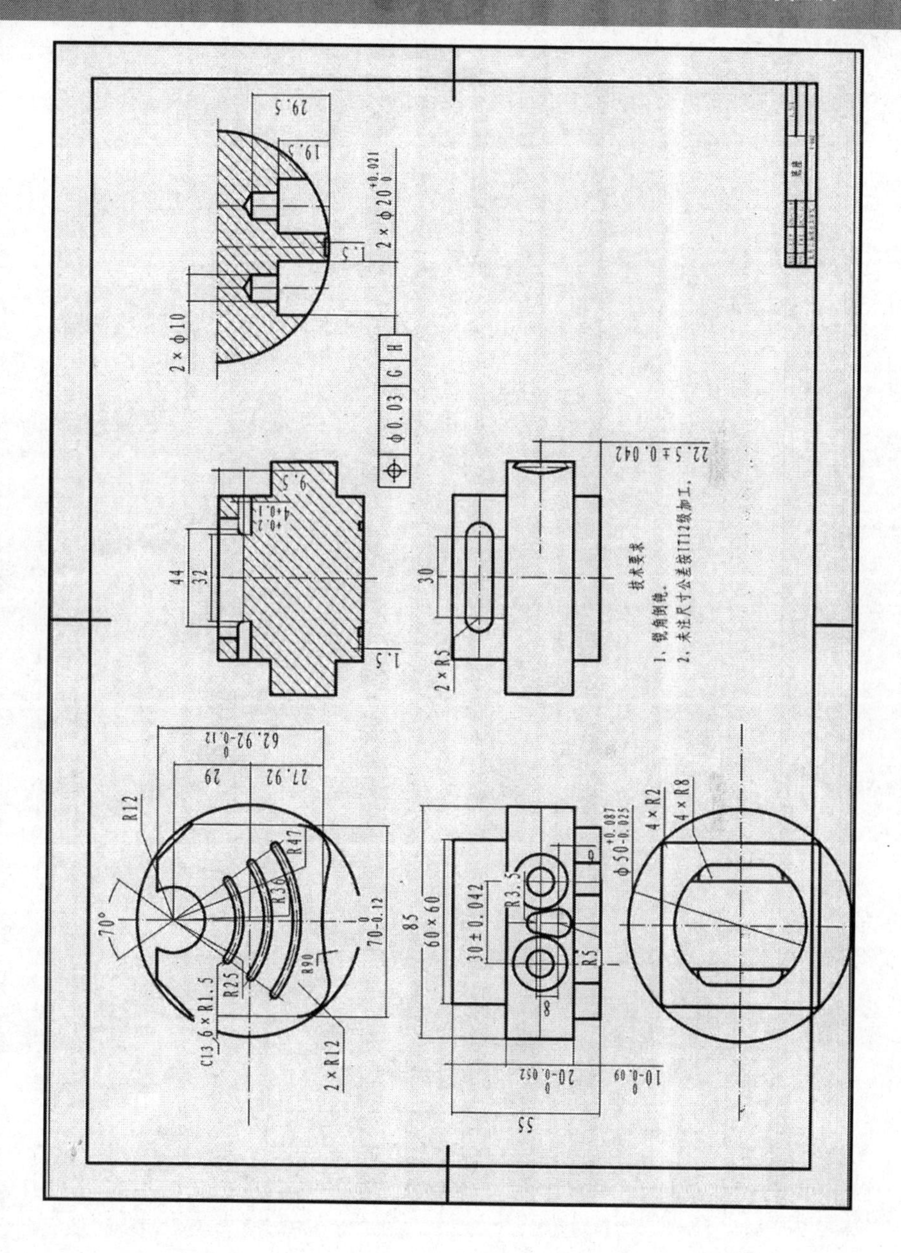
技术要求
1、锐角倒钝。
2、未注尺寸公差按IT12级加工。

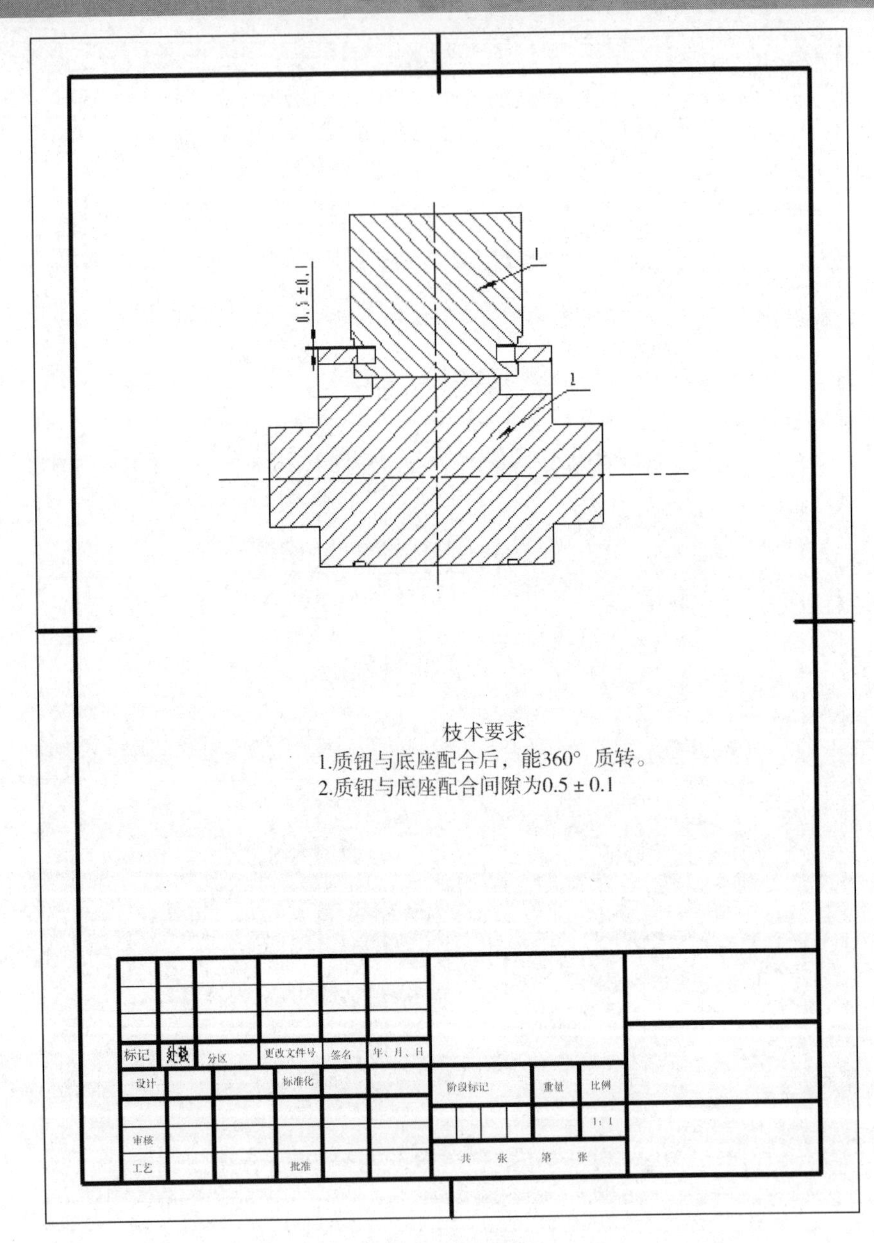

0.5 ±0.1
1
2
枝术要求
1.质钮与底座配合后，能360° 质转。
2.质钮与底座配合间隙为0.5 ± 0.1
标记
处数
分区
更改文件号
签名
年、月、日
设计
标准化
阶段标记
重量
比例
1:1
审核
工艺
批准
共 张 第 张

(c) 信笺笔座装配

1. 仔细观察图 6－1－1，并回答缸体有哪些表面组成，它们之间的位置关系是怎样的?

2. 由图 6－1－1 (a) 所示，旋钮零件图样可以更清晰地表达一个零件的结构，除了用基本的三视图之外，还可以用六个基本视图来进行完整的表达。仔细观察旋钮零件图样，说明其视图的配置情况，并由此归纳第一角视图 [图 6－1－2a] 和第三角视图 [图 6－1－2 (b)] 的布置的规律。

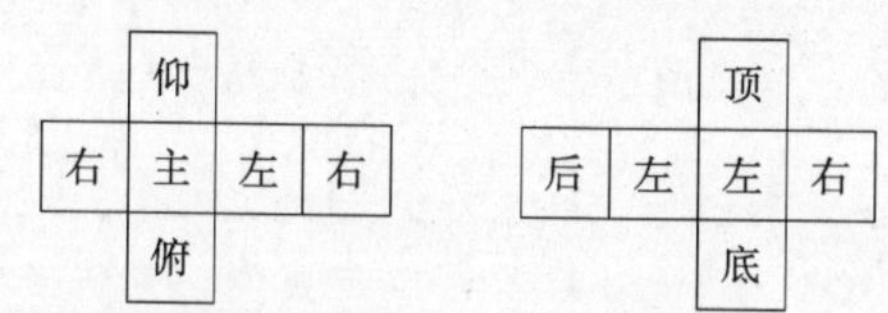

(a) 第一角视图布置规律　　(b) 第三角视图布置规律

图 6－1－2 视图的布置规律

(1) 旋钮零件图样视图配置情况：

(2) 第一角视图布置规律：

(3) 第三角视图布置规律：

3. 设计时为了更清楚地表达一些内部结构，除了用更多的基本视图表达之外，还可以用全剖半剖视图来表达内部结构，如图 6－1－1 (b)所示。仔细观察底座零件图样，说明其视图的配置情况，以及全剖视图和半剖视图的布置规律，并归纳小结剖视图的种类、适用场合及作图要点。

（1）底座零件图样视图配置情况：

（2）全剖视图布置规律：

（3）半剖视图布置规律：

（4）剖视图的种类、适用场合及作图要点（表 6—1—2）。

表 6—1—2　剖视图的画法小结

剖视图种类	适用场合	作图特点
全剖视图	适用于外形比较简单、内部结构较为复杂的机件	1. 剖切面应选在机件的对称中心平面处。 2. 用剖切符号"—"及箭头和大写字母标明剖切位置和观察方向，并在全剖视图上方加注相应字母"x—x"。 3. 剖切面后面的不可见轮廓线（虚线）可省略，以保持图形清晰。

4. 图 6－1－1（a）所示旋钮零件图中的 2xM6 和 2x 各代表什么含义？

（1）

（2）

5. 在旋钮零件图样中有两个尺寸 a、b，你知道为什么要在尺寸数字外加括弧吗？它一般应用在什么场合？

6. 根据前后缸体图样填写表 6－1－3～表 6－1－5，明确本次前后缸体检测图样中各尺寸的大致公差等级或偏差范围。

表 6－1－3　旋钮零件的尺寸要求

序号	尺寸类型	标注尺寸	大致公差等级或偏差范围
1	带偏差尺寸	$\phi 50^{0}_{-0.039}$	
2		$20^{+0.084}_{0}$	
3		$2\times\phi 10^{+0.015}_{0}$	
4		22 ± 0.1	
5		24 ± 0.1	
6		$4^{0}_{-0.05}$	
7		$6^{+0.12}_{0}$	
8	未注公差尺寸（IT12）	50	
9		14	
10		6	
11		30	
12		18	
13		$4\times R6$	
14		11°	

表 6－1－4　底座零件的尺寸要求

序号	尺寸类型	标注尺寸	大致公差等级或偏差范围
1	带偏差尺寸	$62.92^{0}_{-0.12}$	
2		30 ± 0.042	
3		$10^{0}_{-0.09}$	
4		$20^{0}_{-0.52}$	
5		$\phi 50^{+0.087}_{+}0.025$	
6		22.5 ± 0.042	
7		$70^{0}_{-0.12}$	
8		$4^{+0.2}_{+0.1}$	
9		$2 \times \phi 20^{+0.021}_{0}$	
10	未注公差尺寸（IT12）	29	
11		27.92	
12		$\phi 24$	
13		$R36$	
14		$R25$	
15		$R90$	
16		$R47$	
17		$2 \times R12$	
18		$6 \times R1.5$	
19		$C13$	
20		$\phi 85$	
21		55	
22		60×60	
23		$R5$	
24		8	

续表

序号	尺寸类型	标注尺寸	大致公差等级或偏差范围
25	未注公差尺寸（IT12）	6	
26		30	
27		$2 \times R5$	
28		9.5	
29		44	
30		32	
31		1.5	
32		29.5	
33		19.5	
34		$2 \times \phi 10$	
35		$4 \times R2$	
36		$4 \times R8$	

表 6－1－5　装配尺寸要求

序号	尺寸类型	标注尺寸	大致公差等级或偏差范围
1	带偏差尺寸	0.5 ± 0.1	

7. 写出前后缸体的几何公差要求，并将其对应含义填写在表6－1－6中。

表 6－1－6　前后缸体零件各几何公差的含义

序号	几何公差	几何公差含义

8. 写出前后缸体零件的表面粗糙度要求，并将其含义填写在表6－1－7中。

表6－1－7　前后缸体零件各表面粗糙度的含义

序号	表面粗糙度	表面粗糙度的含义
1		
2		
3		

9. 测量过程中很重要的一项工作就是合理选用测量基准，使测量基准尽量与设计基准、工艺基准重合。试对照零件图样，列举出测量要素的测量基准。

三、根据检测要求，选择检具

1. 旋钮同轴度公差的检测需要准备哪些检具？画出检测示意图，并说明具体的检测方法和步骤。

(1) 所需检具：

(2) 检测示意图：

(3) 被测要素和基准的特征：

(4) 检测方法和具体步骤：

2. 旋钮平行度公差的检测需要准备哪些检具？画出检测示意图，并说明具体的检测方法和步骤。

(1) 所需检具：

(2) 检测示意图：

（3）被测要素和基准的特征：

（4）检测方法和具体步骤：

3. 底座位置公差的检测需要准备哪些检具？画出检测示意图，并说明具体的检测方法和步骤。

（1）所需检具：

（2）检测示意图：

（3）被测要素和基准的特征：

（4）检测方法和具体步骤：

4. 底座同轴度公差的检测需要准备哪些检具？画出检测示意图，并说明具体的检测方法和步骤。

（1）所需检具：

（2）检测示意图：

（3）被测要素和基准的特征：

（4）检测方法和具体步骤：

5. 底座垂直度公差的检测需要准备哪些检具？画出检测示意图，并说明具体的检测方法和步骤。

（1）所需检具：

（2）检测示意图：

（3）被测要素和基准的特征：

（4）检测方法和具体步骤：

6. 底座的位置度公差的检测需要准备哪些检具？画出检测示意图，并说明具体的检测方法和步骤。

（1）所需检具：

（2）检测示意图：

（3）被测要素和基准的特征：

（4）检测方法和具体步骤：

7. 通过讨论，根据被检测零件的图样的检测项目确定本任务需要用到的量具，并将其规格、精度等级填写在表 6－1－8 中。

表 6－1－8　检测所需量具

评价与分析

学习活动1评价表

班级：________ 学生姓名：________ 学号：________

项目	自我评价（分）			小组评价（分）			教师评价（分）		
	19～9	8～6	5～1	10～9	8～6	5～1	10～9	8～6	5～1
	占总评10%			占总评30%			占总评60%		
图样分析									
搜集信息									
量具选择									
检测方案确定									
学习主动性									
协作精神									
工作态度									
纪律观念									
表达能力									
工作页质量									
小计									
总评									

任课教师：________ 年 月 日

学习活动 2　检测零件，出具检测报告

学习目标

1. 能正确熟练使用量具对前后缸体的主要尺寸和表面粗糙度教学检测，并准确记录测量结果。

2. 能规范使用量具对前后缸体零件的几何公差进行检测。

3. 能规范填写前后缸体测量记录卡，并对前后缸体测量记录卡进行综合分析，形成前后缸体检测报告。

4. 能对不合格产品产生原因进行简单分析，并对不合格产品提出处置建议。

5. 能按检测室现场管理规定和产品工艺流程的要求，正确放置前后缸体零件、检测用量具等。

建议学时

16 学时

学习过程

一、准备量具及辅具

1. 填写量具及辅具清单（表 6—2—1）并领取所需量具及辅具。

表 6-2-1　量具及辅具清单

序号	量具及辅具名称	规格	精度	数量	量具是否完好
1					
2					
3					
4					
5					
6					
7					
8					
9					
10					
11					
12					

二、检测零件，完成表格

检测前后缸体零件，填写测量记录卡（表 6−2−2～表 6−2−4）。

表 6−2−2　旋钮测量记录卡

<table>
<tr><th>序号</th><th>项目</th><th>第一次</th><th>第二次</th><th>第三次</th><th>平均值</th><th>结论</th></tr>
<tr><td>1</td><td>$\phi50_{-0.039}^{\ 0}$</td><td></td><td></td><td></td><td></td><td></td></tr>
<tr><td>2</td><td>$20_{\ 0}^{+0.084}$</td><td></td><td></td><td></td><td></td><td></td></tr>
<tr><td>3</td><td>$2\times\phi10_{\ 0}^{+0.015}$</td><td></td><td></td><td></td><td></td><td></td></tr>
<tr><td>4</td><td>22±0.1</td><td></td><td></td><td></td><td></td><td></td></tr>
<tr><td>5</td><td>24±0.1</td><td></td><td></td><td></td><td></td><td></td></tr>
<tr><td>6</td><td>$4_{-0.05}^{\ 0}$</td><td></td><td></td><td></td><td></td><td></td></tr>
<tr><td>7</td><td>$6_{\ 0}^{+0.12}$</td><td></td><td></td><td></td><td></td><td></td></tr>
<tr><td>8</td><td>50</td><td></td><td></td><td></td><td></td><td></td></tr>
<tr><td>9</td><td>14</td><td></td><td></td><td></td><td></td><td></td></tr>
<tr><td>10</td><td>6</td><td></td><td></td><td></td><td></td><td></td></tr>
<tr><td>11</td><td>30</td><td></td><td></td><td></td><td></td><td></td></tr>
<tr><td>12</td><td>18</td><td></td><td></td><td></td><td></td><td></td></tr>
<tr><td>13</td><td>$4\times R6$</td><td></td><td></td><td></td><td></td><td></td></tr>
<tr><td>14</td><td>M6（2 处）</td><td></td><td></td><td></td><td></td><td></td></tr>
<tr><td>15</td><td>11°</td><td></td><td></td><td></td><td></td><td></td></tr>
<tr><td rowspan="6">18</td><td rowspan="6">表面粗糙度</td><td>被测面</td><td>要求值</td><td>实际值</td><td>被测面</td><td>要求值</td><td>实际值</td></tr>
<tr><td>44 左平面</td><td rowspan="5">$Ra6.3$</td><td></td><td>50 下平面</td><td rowspan="2">$Ra6.3$</td><td></td></tr>
<tr><td>44 右平面</td><td></td><td>30 槽面</td><td></td></tr>
<tr><td>11°槽侧面</td><td></td><td>$\phi50_{-0.039}^{\ 0}$外圆</td><td rowspan="2">$Ra3.2$</td><td></td></tr>
<tr><td>11°槽底面</td><td></td><td>30 两侧面</td><td></td></tr>
<tr><td>50 上平面</td><td></td><td>$2\times\phi10_{\ 0}^{+0.015}$ 内孔</td><td>$Ra1.6$</td><td></td></tr>
<tr><td colspan="2">表面粗糙度检测结论</td><td></td><td></td><td></td><td></td><td></td></tr>
</table>

表 6—2—3　底座测量记录卡

序号	项目	第一次	第二次	第三次	平均值	结论
1	$62.92^{\ 0}_{-0.12}$					
2	30 ± 0.042					
3	$10^{\ 0}_{-0.09}$					
4	$20^{\ 0}_{\ 0.52}$					
5	$\phi50^{+0.087}_{+0.025}$					
6	22.5 ± 0.042					
7	$70^{\ 0}_{-0.12}$					
8	$4^{+0.2}_{+0.1}$					
9	$2\times\phi20^{+0.021}_{\ 0}$					
10	29					
11	27.92					
12	$\phi24$					
13	$R36$					
14	$R25$					
15	$R90$					
16	$R47$					
17	$2\times R12$					
18	$6\times R1.5$					
19	$C13$					
20	$\phi85$					
21	55					
22	60×60					
23	$R5$					

续表

序号	项目	第一次	第二次	第三次	平均值	结论
24	8					
25	6					
26	30					
27	2×*R*5					
28	9.5					
29	44					
30	32					
31	1.5					
32	29.5					
33	19.5					
34	2×ϕ10					
35	4×*R*2					
36	4×*R*8					

<table>
<tr><th>序号</th><th>项目</th><th>第一次</th><th>第二次</th><th>第三次</th><th>平均值</th><th colspan="2">结论</th></tr>
<tr><td rowspan="6">1</td><td rowspan="6">表面粗糙度</td><td>被测面</td><td>要求值</td><td>实际值</td><td>被测面</td><td>要求值</td><td>实际值</td></tr>
<tr><td>2×ϕ10 内孔</td><td>Ra12.5</td><td></td><td>2×$\phi 20^{+0.021}_{0}$</td><td rowspan="5">Ra3.2</td><td></td></tr>
<tr><td>60×60 四侧面</td><td rowspan="2">Ra1.6</td><td></td><td>$20^{0}_{-0.52}$</td><td></td></tr>
<tr><td>55 上平面</td><td></td><td>ϕ85</td><td></td></tr>
<tr><td>55 下平面</td><td rowspan="2">Ra3.2</td><td></td><td>$70^{0}_{-0.12}$</td><td></td></tr>
<tr><td>$\phi 50^{+0.087}_{+0.025}$</td><td></td><td></td><td></td></tr>
<tr><td colspan="3">表面粗糙度检测结论</td><td colspan="5"></td></tr>
</table>

表 6-2-4 旋钮和底座配合后测量记录卡

序号	项目	第一次	第二次	第三次	平均值	结论
1	0.5±0.1					

三、完成报告，分析结果

撰写信笺笔座检测报告（表6—2—5），综合分析结论。

表6—2—5　检测报告

零件名称	型号规格	数量	抽检比例	抽检数量

序号	检测项目		技术要求	实测合格	检测员
1	旋钮	外观质量	产品不得有损伤、变形和锈蚀等		
2		表面粗糙度	符合图样的要求		
3		几何尺寸	符合图样的要求		
4		同轴度	符合图样的要求		
5		平行度	符合图样的要求		
6	底座	外观质量	产品不得有损伤、变形和锈蚀等		
7		表面粗糙度	符合图样的要求		
8		几何尺寸	符合图样的要求		
9		垂直度	符合图样的要求		
10		同轴度	符合图样的要求		
11		位置度	符合图样的要求		
12		位置度	符合图样的要求		
13	信笺笔座	配合间隙	符合图样的要求		
14		性能	能360°旋转		
检测结论					
产生不合格品的情况分析（零件返修后是否可用）					
检测结论：					

检测员　　　　日期

注：实测合格以“√”表示。

四、检测完毕，整理现场

1．在测量信笺笔座旋钮和底座零件时涉及了哪些主要量具的使用？它们的维护保养方法是怎样的？

2．经检验合格的信笺笔座产品应如何放置？不合格品又应怎么处理的？

（1）合格品的放置：

（2）不合格品的处理：

3．你能否遵守本次测量任务的安全操作规程，有哪些方面需要改进？

评价与分析

学习活动2评价表

班级：________　　学生姓名：________　　学号：________

项目	自我评价（分）			小组评价（分）			教师评价（分）		
	10～9	8～6	5～1	10～9	8～6	5～1	10～9	8～6	5～1
	占总评10%			占总评30%			占总评60%		
检测过程规范性									
检测报告									
整理现场									
回答问题									
学习主动性									
协作精神									
工作态度									
纪律观念									
表达能力									
工作页质量									
小计									
总评									

任课教师：________　　　年　　月　　日

学习活动 3　展示、评价与总结

学习目标

1. 能按分组情况，分别派代表展示工作成果，说明本次任务的完成情况，并作分析总结。

2. 能结合自身任务完成情况，正确规范地撰写工作总结，内容翔实。

3. 能就本次任务中出现的问题提出改进措施。

4. 了解圆度仪的使用场合、类型和结构。

建议学时

4 学时

学习过程

一、展示评价（个人、小组评价）

把个人的检测报告先进行分组展示，再由小组推荐代表作必要的介绍。在展示的过程中，以小组为单位进行评价：评价完成后，根据其他组成员对本组展示成果的评价意见进行归纳总结。完成如下项目：

1. 展示的检测报告真实可靠、完整准确吗？

很好□　　　　　一般□　　　　　不准确□

2. 本小组介绍成果表达是否清晰？

很好□　　　　　一般，常补充□　　　　　不清晰□

3. 本小组演示的轴检测方法操作正确吗？

正确□　　　　　部分正确□　　　　　不正确□

4. 本小组演示操作时遵循了“7S”的工作要求吗？

符合工作要求□　忽略了部分要求□　完全没有遵循□

5. 本小组的检测量具、量仪保养完好吗？

良好□　　　　一般□　　　　不符合要求□

6. 本小组的成员团队创新精神如何？

良好□　　　　一般□　　　　不足□

二、教师评价

教师对展示的检测报告分别作评价。

1. 找出各组的优点进行点评。

2. 对展示过程中各组的缺点进行点评，提出改进方法。

3. 对整个任务完成中出现的亮点和不足进行点评。

三、总结提升

1. 在检测过程中你遇到了哪些问题？是什么原因导致的？你的改进措施是什么？

2. 如果你的某些检测数据出现偏差，应如何减小？提出你的意见。

3. 结合自身完成任务情况，通过交流讨论等方式，较全面规范地撰写本次任务的工作总结。

工作总结（心得体会）

____

____

____

____

____

____

____

4. 在本次信笺笔座检测任务中涉及了较多的几何误差的检测，如同轴度、垂直度等，这些误差也可用圆度仪进行检测，如图4－3－1所示。试通过网络查询或者查阅相关的手册等方式，明确圆度仪的类型、适用场合、总体结构、主要技术规格与精度等内容。

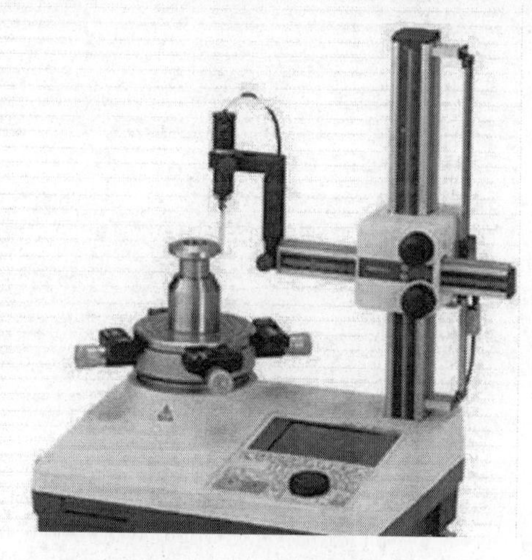

图 4－3－1　圆度仪

（1）圆度仪的类型：

（2）圆度仪的使用场合：

（3）圆度仪总体结构：

（4）圆度仪主要技术规格与精度：

5. 对照几何公差项目（表 6—3—1），看一看你还有哪些几何公差没有检测过，列举出来，并通过查阅资料表述其检测方法。

表 6—3—1　几何公差项目表

公差类型	几何特征	符号	公差类型	几何特征	符号
现状公差	直线度	⏤	方向公差	面轮廓度	⌓
	平面度	▱	位置公差	位置度	⌖
	圆度	○		同心度（用于中心点）	◎
	圆柱度	⌭		同轴度（用于轴线）	◎
	线轮廓度	⌒		对称度	⌯
	面轮廓度	⌓		线轮廓度	⌒
方向公差	平行度	∥		面轮廓度	⌓
	垂直度	⊥	跳动公差	圆跳动	↗
	倾斜度	∠		全跳动	⌰
	线轮廓度	⌒			

评价与分析

学习活动 3 评价表

班级：________　　学生姓名：________　　学号：________

项目	自我评价（分）			小组评价（分）			教师评价（分）		
	10～9	8～6	5～1	10～9	8～6	5～1	10～9	8～6	5～1
	占总评 10%			占总评 30%			占总评 60%		
学习活动 1									
学习活动 2									
学习活动 3									
表达能力									
协作精神									
纪律观念									
工作态度									
分析能力									
操作规范性									
任务总体表现									
小计									
总评									

任课教师：________　　年　月　日